KB140681

재료공학자가 들려주는
문명 이야기 1

불,
에너지,
재료의 역사

재료공학자가 들려주는
문명 이야기 1

불,
에너지,
재료의 역사

이경우 지음

일조각

머리말

"그 시대 사람들은 그 온도를 어떻게 만들 수 있었나요?"

오래전 제련공학 수업 시간에 한 학생이 한 질문이다. 문명의 발전과 씨줄과 날줄로 얽혀 있는 불, 에너지, 그리고 재료의 역사를 다루는 이 책은 일견 단순해 보이는 이 질문에서 시작되었다.

※

40년 전에 대학을 입학하고 금속공학을 전공으로 선택한 이래로 재료는 내가 하는 연구와 교육에서 가장 중심에 놓여 있는 주제이다. 대학원에 진학하면서 높은 온도에서 금속을 만드는 '건식제련'[1]이라 불리는 분야를 선택하면서 불에 대해서도 자연스럽게 관심을 가지게 되었다. 그리고 이 주제들과 역사와의 만남은 2002년에 진행된 한 국제 학술대회가 계기가 되었다.

1 　건식제련은 영어로 'pyrometallurgy'라고 부른다. 그 용어에 접두사로 쓰이는 pyro는 불을 의미하는 것이고 metallurgy는 금속을 다루는 것을 뜻하므로 pyrometallurgy라는 말의 의미는 '불로 금속 다루기' 정도가 될 것이다. 그리고 글자 그대로 불을 잘 다루어야 좋은 금속을 얻을 수 있는 것이다. 그런데 우리는 이 pyrometallurgy라는 용어를 건식제련이라는 용어로 번역해서 사용한다. 여기서 사용된 '건식'이라는 접두사는 원래 용어를 의미대로 번역한 것이 아니고, 금속을 만드는 과정에서 물을 사용하는 '습식제련'과 비교하기 위해서 사용된 것이다. 제련은 금속을 만든 것을 의미하는 단어이다. 어떻게 열로 금속을 만드는지 부록에 설명되어 있으니 참조하기 바란다.

1996년에 대학에서 제련공학이라는 과목을 강의하기 시작했다. 내가 대학생 때는 재료 관련 학과가 금속, 섬유 고분자, 세라믹으로 나누어져 있었는데, 교수가 되었을 때는 세 개의 학과가 재료공학부로 통합되어 있었다. 통합되는 과정에서 교과목이 조정되어 예전에는 5개 과목으로 나누어 배웠던 금속을 만드는 과정과 관련된 모든 내용을 '제련공학'이라는 한 개의 과목에서 가르쳐야 했다. 그러다 보니 내용이 워낙 많아서 금속을 만드는 가장 최신의 원리와 기술을 알려 주기에도 시간이 부족했다.

그러다 2002년 경주에서 개최된 제5차 금속역사 학술대회(The 5th symposium on the Beginning of the Use of Metals and Alloys)를 계기로 금속의 역사, 그리고 과거의 금속 제련 기술에 관심을 가지게 되었다. 학술대회를 준비하면서 이전 발표 논문들을 읽어 보고, 학술대회 진행 과정에서 논문을 심사하고, 발표 및 토론 과정에서 그동안 인류가 발전시켜 온 광산 개발, 금속 제조, 그리고 금속 사용에 대한 여러 연구 결과를 볼 수 있었다. 나는 이 학술대회에서 유물을 구성하는 재료에 대한 최신 과학 기술을 이용한 분석과 그 시대의 가공 방법이나 제조 방법을 과학적 이론을 활용해서 해석한 것을 바탕으로 금속 재료의 발전과 전파, 그리고 당시 문명에 대한 여러 가지 학설에 대해 심도 있는 토론이 진행되는 것에 정말 감명받았다. 이 학술대회를 치르면서 재료와 인류 역사에 대한 관심이 생겼고, 서로 동떨어진 줄 알았던 두 주제가 아주 밀접한 관계라는 점을 인식하게 되면서 재료를 통해 역사를 이해할 수 있겠다는 생각이 들었다. 이후 재료의 역사, 그리고 재료가 만들어 낸 사회에 대한 흥미가 생겨 고대 제련 기술들에 대한 연구도 하고 기회가 되는 대로 관련된 자료를 모으게 되었다.

이 과정에서 불의 온도와 금속의 발전이 밀접하게 연결되어 있으며, 인류가 만들어 낼 수 있는 불의 온도가 높아질수록 사용 가능한 금속이 늘어난다는 재미있는 사실을 알게 되었다. 이러한 자료를 가지고 제련공학 첫 시간에 다양한 금속에 대한 제련 기술 발전의 역사와 이 기술의 발전이 문명의 발전과 연결되는 것을 보여 주면서 제련의 원리와 중요성을 설명하게 되었다. 첫머리에 쓴 학생의 질문은 그 과정에서 나온 것이다. 그 질문 전후의 대화는 다음과 같다.

교수: "인류가 17세기까지 제련해서 사용한 금속은 금, 은, 납, 구리, 주석, 철, 수은 등 7개로 알려져 있습니다. 현재 사용하고 있는 금속의 종류가 80개가 넘는 것을 생각하면 아주 적은 숫자입니다. 이들의 공통점은 다른 금속에 비해서 상대적으로 낮은 온도에서 만들어질 수 있다는 것입니다. 제련에서 온도가 이렇게 중요하죠."

"과거에 금속을 만들던 기본적인 제련 방법은….."

"이 7개의 금속 중에서 도구로 사용할 수 있을 정도로 강한 것은 구리와 주석이 더해진 청동과 철입니다. 청동을 구성하는 구리는 800도, 주석은 900도를 넘는 온도가 되어야 만들어질 수 있으며, 어느 정도 사용할 수 있는 철을 만들기 위해서는 1200도가 넘는 온도가 필요합니다. 그래서 철광석이 구리나 주석 광석보다 훨씬 많음에도 청동기 시대가 더 먼저 시작된 것입니다. 그리고 청동기나 철기를 만든 문명은 그 금속을 만들어 사용하는 데 필요한 수준으로 불의 온도를 올릴 수 있는 기술이 있었다고 보면 됩니다."

학생: "교수님 질문 있습니다. 그 시대 사람들은 어떻게 그 온도를 얻을 수
       있었나요?"
교수: "음, 내가 미처 생각해 보지 않았는데, 당시에는 나무 이외의 다른 연
       료는 없었을 테니 아마도 화로를 잘 만들고 나무를 건조해서 태우면
       얻을 수 있었을 것 같네요."

　당시에는 이 질문이 얼마나 중요한 것인지 잘 인식하지 못했다. 나도 높
은 온도 실험을 많이 했지만, 온도를 얻기 위해서는 장치에 원하는 온도를
설정하고 전원을 넣으면 되었기 때문에 온도를 어떻게 얻을 수 있는가에 대
해서는 별다른 생각을 해 본 적이 없었다. 그런데, 다음 학기 강의를 준비할
때 그 질문이 떠올라서 생각도 해 보고, 자료도 찾아보니 불의 온도는 연료
의 종류와 조건, 화로의 구조, 공기를 불어 넣는 방법 등 여러 가지 요인에
의해서 결정되는 것으로 높은 온도를 얻는 것이 그렇게 간단한 문제가 아니
었다. 더구나 높은 온도는 사고의 위험도 크기 때문에 불의 온도를 올리는
것이 정말 힘들고 위험한 과정이었다는 것을 새삼 깨닫게 되었다.
　자료들을 모아가는 과정에서 불의 중요성도 다시금 확인하게 되었다. 불
은 재료 발전의 역사와도 불가분의 관계일 뿐 아니라 재료를 넘어서 인류 역
사 전체에 걸쳐서 가장 오랜 기간 영향을 주어 온, 인류의 생존과 번영에 가
장 필요한 요소라는 사실을 알게 되었다. 학생이 질문했던 높은 온도를 얻
는 방법이 바로 인류 역사 대부분의 시기에 가장 중요했고 인류 문명의 발전
에 가장 큰 영향을 주는 기술이었다.
　불에 대한 이야기가 더해지고, 재료가 문명의 여러 요소의 발전에 미치는

영향을 보여 주는 자료가 늘어나면서 내용은 제련공학의 서론의 범위를 넘어서게 되었다. 그리고 전기를 사용해서 금속을 만드는 분야로 내 연구 주제가 넓어지면서 관심 영역이 전기와 전기를 만들 수 있는 에너지들로 넓어지게 되었다.

기후 위기 문제와 그에 대응해야 하는 상황은 에너지에 대한 관심과 연구를 더 촉진시켰다. 철강 제련을 포함해서 금속 제련을 연구하는 사람들에게 에너지는 중요하다. 금속을 만들기 위해서는 많은 에너지가 필요하고 따라서 금속을 만드는 산업이나 연구자들에게 에너지 소비를 줄이는 것은 항상 중요한 문제였다. 다만 예전에는 에너지 소비를 줄여서 생산 비용을 절감하는 것이 가장 큰 관심사였다면, 최근에는 온실가스 문제가 이슈로 등장하면서 이산화탄소 배출의 절감이 관련 산업의 사활이 걸린 문제가 되었다.

내가 제련공학 강의를 시작한 지 얼마 안 된 1997년에 산업화가 많이 진행된 소위 선진국들이 이산화탄소 배출량을 1990년 대비 5% 정도 줄인다는 교토의정서 내용이 정해졌고, 각국의 동의를 거쳐서 2005년 정식으로 발효하기로 했었다. 다만, 교토의정서는 선진국만이 대상이었고, 처음 합의안이 나왔던 1990년대 후반은 전 세계적으로 철강을 포함한 재료 생산량이 정체를 보이거나 약간 줄어들던 시기였기 때문에 금속 제조 분야에서는 목표 달성이 가능해 보여서 크게 관심을 가지지 않았다. 그런데 철강을 포함한 금속 생산이 2000년부터 급격하게 늘어나기 시작해서 정식 발효된 2005년에는 이미 과거로 돌아갈 수 없는 수준으로 이산화탄소 배출량이 늘어나게 되었다. 이 때문에 교토의정서는 도저히 달성할 수 없는 목표가 되면서 역설적으로 유명무실해졌다.

하지만 2015년 채택된 파리 협정은 참여 대상이 선진국만이 아닌 전 세계로 확대되면서 우리나라도 피해갈 수 없는 상황이 되었다. 그리고 에너지를 많이 소비하는 제련 산업이 이산화탄소 감축의 주 대상이 되고 있다. 2000년 이후 재료 생산량이 급격하게 늘어나면서 현재는 1990년대에 비해서 2배 이상의 철강과 금속들이 생산되고 있다. 그래서 전 세계 에너지의 20% 이상이 재료를 만드는 것에 사용되고 있고, 그중에 반 이상이 철강 생산에 사용된다. 그리고 현재 이 에너지의 대부분을 탄소에서 얻기 때문에 제련 산업에서는 에너지 소비량에 비례해서 이산화탄소가 발생하고 있다. 이 때문에 많은 나라에서 이산화탄소 감축의 중요한 비중을 제련 산업에서 감당하도록 목표를 세우고 있다.

따라서 현재 제련 산업계는 이산화탄소 발생을 줄여야 하는 당면 목표를 구현해내야 한다. 사실 인류는 탄소를 사용할 수 있게 되면서 금속을 만들 수 있었다. 그리고 탄소를 사용하면 온실가스의 하나인 이산화탄소가 생기는 것은 피할 수 없는 일이다. 만일 탄소를 쓰지 않으려면 탄소가 이산화탄소가 되면서 제공하는 에너지를 다른 방법으로 공급해야만 금속을 만들 수 있다. 그러다 보니 제련을 연구하는 입장에서 금속을 만들 수 있는 여러 에너지에 대한 관심이 커졌고, 제련공학에서 가르치는 비중도 늘어나게 되었다.

그리고 2019년부터 필자가 원자력의 안전 규제를 총괄하는 원자력안전위원회 위원이 되면서 에너지 전반, 전기 에너지, 그리고 원자력에 대한 여러 정보와 현황을 보게 되었고, 국가 전력망을 구성하고 안정적으로 운영하기 위한 전기 발전과 송전의 중요성과 에너지 믹스라고 불리는 국가 차원의 에너지 전략의 어려움을 인식할 수 있는 기회가 있었다.

이러한 내용을 묶어서 '재료와 문명'이라는 주제로 학생들과 세미나 형식의 강의를 진행하기 시작했다. 강의는 불과 재료, 재료와 도구, 재료와 건축, 재료와 예술, 재료와 운송 수단, 현대 문명과 재료/에너지, 지속 가능한 미래와 재료/에너지 등의 주제로 구성되었다. 이 강의 외에도 2년 정도 다양한 분야의 교수들과 함께 '문명'이라는 융합 주제 강의도 진행했다. 두 강의 모두 학생들과 논의할 수 있는 기회가 많았고, 이 과정에서 내용이 계속 보충되고 다듬어졌다. 내용이 어느 정도 정리되면서 책으로 쓰면 좋을 것 같았다.

　그러나 막상 책을 쓰려니 내용이 머릿속에서만 맴돌 뿐, 글로 나오지 않아서 답답했다. 그러다 어느 날 역사책을 모아 놓은 서점을 운영하시는 분과 이야기할 기회가 있어서, 내가 생각하는 '재료와 문명'에 대해서 대략 이야기하면서 책으로 쓰려니 양이 방대해서 엄두가 나지 않아 고민이라는 이야기를 했다. 그분이 '내용이 재미있을 것 같은데 한 번에 다 쓰는 것이 어렵다면 우선 한 부분이라도 먼저 쓰는 것이 좋다.'는 조언을 해 주었다. 아마도 이 조언이 없었다면 이 책은 아직 내 머릿속을 맴돌고 있었을 것 같다. 그 조언을 듣고 강의의 첫 부분인 '불과 재료'와 뒷부분에서 현대와 미래의 에너지 부분을 더해서 이 책으로 내게 되었다.

　이 책은 프롤로그와 6개의 장으로 구성되었고, 부록이 추가되어 있다. 각 장의 내용은 다음과 같다.

　프롤로그에서는 인류가 불을 만나기 전까지의 불의 역사를 간단히 살펴본다. 처음 지구가 만들어지고 어느 정도 안정화되었을 때 지구는 불이 생겨날 조건이 아니었다. 그 후 수십억 년이 지나면서 지구상에 어떻게 불이 날 수 있는 조건이 갖추어졌는지, 자연 현상에 의해서 야생의 불이 만들어지는 지에 대해서 설명했다.

1장에서는 약한 존재였던 인류가 어떻게 야생의 불을 점유해서 길들이기 시작하고, 불을 안전한 곳으로 옮겨 소유하게 되는지, 그리고 그 불을 이용해서 어떤 일들을 했는지를 설명한다. 어떻게 보면 단순해 보이는 발전이지만, 이를 이루는 데 인류는 인류 역사의 대부분을 사용했다. 그리고 이 과정을 통해서 맹수들의 사냥감이었던 인류는 맹수를 사냥하는 생태계 최정상의 사냥꾼이 된다. 이 시기는 구석기 시대와 겹치며, 독자들은 거의 모든 구석기 시대 유적이 동굴에 남아 있는 이유와 그 의미를 이해할 수 있을 것이다.

2장에서는 인류가 불을 화로에 담기 시작하면서 나타나는 문명의 발전을 보여 준다. 인류 역사 중 신석기 시대에서 산업혁명 이전까지의 시기로 불을 화로에 담고, 온도를 높일수록 만들 수 있는 재료와 도구들이 늘어난다는 것과 불의 온도에 따라 어떤 도자기와 금속들이 만들어졌는지를 설명한다. 그리고 재료에 대한 과학적인 분석 결과를 통해서 석기 시대에서 청동기 시대로, 그리고 청동기 시대에서 철기 시대로의 전환이 얼마나 오랫동안 어떤 과정을 거쳐서 진행되었는지도 보여 준다.

3장에서는 어떻게 파괴의 상징인 대포에서 아이디어를 얻어 문명의 이기인 증기 기관과 내연 기관을 만들었는지, 그리고 이 변화가 사회를 어떻게 변화시켰는지 서술했다. 인류가 불을 사용하는 방법이 이 과정을 통해서 바뀌면서 불은 점차 자신의 모습을 숨기고 에너지로서의 역할을 하게 된다. 이 변화는 사회 발전을 촉진시켰으며, 그 결과 동양과 서양의 관계가 역전되는 문명의 전환기를 맞이한다.

4장에서는 인류가 전기를 일상생활에 사용하기까지의 과정과 전기가 점차 불을 대체해 가는 과정을 살펴본다. 20세기에 등장한 전기 덕분에 인류가 얼마나 급격한 발전을 이루었는지, 이러한 발전 속에 이제까지 없었던 합성 고분자와 반도체라는 새로운 재료가 얼마나 큰 역할을 하는지를 설명한다.

5장에서는 인류가 현재 사용하고 있는 에너지에 대해서 설명한다. 전기를 사용하게 된 인류는 그동안 사용할 수 없었던 여러 에너지원에서 전기를 만들고 점점 더 많은 양의 에너지를 사용하고자 하고 있다. 이러한 막대한 에너지 소비는 여러 가지 문제를 만들어 내고 있는데 현재 많은 사람들이 걱정하고 있는 기후 위기도 그중 하나이다. 그런데 이를 해결하기 위한 방법으로 에너지 전환 정책이 가능할 것인지, 그리고 그대로 진행된다면 어떤 문제가 있는지를 검토한다.

6장에서는 인류 문명이 지속된다면 어떤 에너지를 쓰고 있을지 예상해 보고, 앞으로 인류가 에너지를 어떤 자세로 대해야 하며, 소비를 어떻게 해야 하는가, 어떤 기술이 필요한가에 대한 의견을 제시했다.

그리고 독자들의 이해를 돕기 위해서 부록을 추가했다. 책을 쓰는 과정에서 가족을 포함해서 주위의 재료공학을 깊이 알지 못하는 분들에게 읽어 달라고 부탁하였더니 내가 평소에 너무도 당연하게 쓰는 여러 용어가 낯설고, 간단하게 언급한 전문적인 내용 또한 이해하기 어렵다는 반응이 있었다. 그런데 일부 내용에 대한 자세한 설명을 본문에 넣다 보니 흐름이 끊어지고 내용이 산만해지는 문제가 생겨 필요한 설명 중에 짧은 것은 각주로 옮기고, 긴 설명들은 별도로 모아서 책 뒷부분에 부록으로 넣었으니 독자들이 적절히 활용하기를 바란다.

차례

머리말　5

프롤로그　19

1 불 사용의 시작　25

인류와 불의 만남　25

불타는 나무 막대기와 노천불　28

노천불에서 모닥불로　33

모닥불을 둘러싼 삶　37

모닥불 시대의 도구와 재료　40

전략적인 불의 사용과 자연의 변화　47

단위　51

2 화로에 담긴 불과 재료의 발전　57

화로로 옮겨진 불　57

불의 온도　60

도자기와 불　63

금속 사용과 불　67

금속 만들기　70

금, 은, 납, 수은　75

구리, 주석, 그리고 청동기 시대　81

철 그리고 철기 시대　95

다마스쿠스 칼의 재현이 어려운 이유는?　106

불의 온도와 재료 109

석탄 사용과 '신'철기 시대 110

불 전문가 114

재료와 문명 발전 117

3 **불에서 에너지로** 123

대포 123

불과 에너지 125

증기 기관과 내연 기관의 발명 125

동서양의 역전 128

4 **보이지 않는 불 — 전기** 131

전기 현상을 기록한 사람들 131

전기에 대한 이해와 피뢰침 그리고 전지 133

전기와 금속 만들기 136

전기와 일 그리고 불 139

교류인가 직류인가? 전기를 둘러싼 치열한 전쟁 141

구리의 귀환 143

전기가 만드는 세상 145

20세기 재료와 현대 문명 151

합성 고분자 155

실리콘과 반도체 159

5   **새로운 에너지원의 출현**   163

전기의 등장에 따른 에너지 활용 방법의 변화   163

전기를 만드는 에너지원   166

에너지원의 변화와 현황   173

막대한 에너지는 왜 필요한가?   176

막대한 에너지 소비에 따라 생기는 문제들   178

저탄소 에너지원이 확대될 때 일어나는 일   179

에너지 정책 사례 검토―이탈리아   187

인류는 에너지 전환을 받아들일 수 있는가?   190

6   **미래의 에너지원**   197

인류에게 남아 있는 에너지원은?   197

재생에너지가 전기 생산의 주력이 될 수 있는가?   199

미래에 사용될 새로운 에너지원은?   205

지속 가능한 미래를 위한 에너지   208

참고문헌   210

부록   213

감사의 글   233

찾아보기   235

프롤로그: 야생의 불

불

'불'이라는 단어에 대해서 사람마다 크기나 모습은 조금씩 다르겠지만 대체로 춤추듯이 흔들리는 붉은색의 불꽃을 떠올릴 것이다. 그런데 사실 불꽃이 있는 부분은 기체이기 때문에 원래 눈에 보이지 않아야 한다. 하지만 온도가 높아지면 기체가 내보내는 복사에너지 중에서 가시광선 영역이 늘어나면서 색을 가지게 된다. 온도가 700도를 넘으면 붉은색으로 보이기 시작하며 백색으로 보이는 부분이 1000도를 훨씬 넘는 부분이고 푸른색으로 보이는 부분이 가장 온도가 높다. 이렇게 불꽃의 온도가 높은 이유는 대부분의 불이 열을 많이 내는 연소(燃燒, combustion)의 결과이기 때문이다. 연소라고 하는 것은 어떤 물질이 산소와 빠른 화학 반응을 해서 산소와 화합물(산화물)을 만드는 과정이며 이 반응을 산화 반응이라고 부르기도 한다. 연소가 일어나면 열이 많이 발생하고, 그 열이 주위의 공기 온도를 높인다. 그리고 온도가 올라가면서 불의 모습이 눈에 보이게 된다. 즉, 불꽃과 높은 온도는 산화 반응 또는 연소의 결과이다. 왜 온도가 올라가면 눈에 보이게 되는지 그 이유가 궁금하면 부록의 '온도와 열복사'의 내용을 참고하기 바란다.

연소가 일어나기 위해서는 연료와 산소가 만나야 하며, 반응이 일어날 수 있는 어느 정도 이상의 높은 온도가 필요하다. 지구상에서 가장 흔한 연료는 식물이나 화석 연료 등 탄소와 수소로 만들어진 유기물이다. 유기물을 구성하는 탄소와 수소는 대기 중의 산소와 반응해서 아래와 같은 연소 반응을 하며, 이 과정에서 많은 양의 열이 발생한다.

유기물(탄소와 수소 화합물) + 산소(O_2) → 이산화탄소(CO_2) + 수증기(H_2O)

이렇게 연소될 수 있는 성분을 가지고 있는 물질들을 불이 붙을 수 있는 물질이라는 뜻의 '인화성 물질'이라고 부른다. 그리고 열을 발생시킨다는 것은 반응을 통해서 물질이 가지고 있는 에너지의 총합이 그만큼 줄어드는 것을 의미한다.[1] 또한 에너지가 줄어드는 반응은 마치 물이 높은 곳에서 낮은 곳으로 흐르는 것처럼 저절로 일어날 수 있기 때문에 탄소와 수소를 가지고 있는 생명체를 포함한 모든 유기물은 언제든지 산소와 반응해서 연소될 수 있다.

이는 우리나 생태계의 동식물이 살아 있는 것, 그리고 여러 유기물이 존재하고 있는 것이 불안정한 상황이며 어느 순간에 산소와 반응해서 타 버릴 수 있다는 의미이다. 즉, 우리는 언제든지 소멸될 수 있는 위험한 상황 속에서 사는 것이다. 그렇지만 너무 비관할 필요는 없다. 다행히도 연소가 일어나

---

[1] 일반적인 연소 반응에서 에너지는 학문적으로는 엔탈피(enthalpy)라 불리는 값으로 물질이 가지고 있는 에너지의 일종이다. 그리고 열을 내보내면 자신의 에너지가 같은 값만큼 줄어드는 현상을 에너지 보존 법칙이라고 부른다. 연소열이나 엔탈피에 대해서 부록에 설명이 있으니 참고하기 바란다.

기 위해서는 인화온도(flash temperature)나 발화온도(ignition temperature)보다 더 높은 온도가 필요하기 때문이다.

산소가 있는 환경에서 물질의 온도가 특정 온도를 넘어가게 되면 저절로 연소가 일어난다. 이처럼 어떤 물질에 저절로 불이 붙을 수 있는 특정 온도를 발화온도 또는 자연발화온도라고 부른다. 나무의 발화온도는 나무의 건조 상태나 종류에 따라서 차이는 있지만 보통 450~500도 정도이며, 잘 마른 낙엽처럼 250도 정도로 낮은 것도 있다. 일상생활에 접하는 물질들의 발화온도는, 가연성이 아주 높아서 성냥의 재료로 사용되는 백린(60도 정도) 정도를 제외하면 보통 400도를 넘기 때문에 우리가 경험하는 일상적인 온도에서 유기물의 자연 발화를 걱정할 필요는 없다.

인화온도는 옆에 불이 있을 때 어떤 물질에 불이 옮겨붙을 수 있는 온도인데, 보통 발화온도보다 낮다. 예를 들어 나무는 인화온도가 발화온도에 비해서 200도 정도 낮은 것으로 알려져 있다. 따라서 처음 불이 붙는 것보다 불이 번지는 것이 쉽다.

불의 역사

요즘은 우리가 쉽게 불을 만들 수 있지만 불이 지구에 항상 존재했던 것은 아니다. 앞에서 이야기했지만 불이 만들어지기 위해서는 인화성 물질과 산소가 있어야 하며 높은 온도도 필요하다.

지구가 만들어지던 초기의 모습은 아직 정확하게 이해되고 있지는 않지만, 어느 정도 지구의 모습이 안정화된 이후의 상황을 보면 대기 중에 산소

가 거의 없었고[2] 유기물을 포함한 인화성 물질도 없었기 때문에 불이 만들어
질 수가 없었다. 지구가 만들어지고 한참 후인 30억 년 정도 전에 광합성이
가능한 균류가 나타나서 광합성이 시작되면서 지표면 위에 연소 가능한 물
질이 생겨나고 대기 중에 산소가 높아지기 시작했다. 그 후에 각종 식물들
이 나타나면서 활발한 광합성을 하게 되어 대기 중에 산소 농도가 현재 수준
까지 높아지기 시작했고, 생태계 순환의 결과로 생물들이 늘어났다. 그러나
광합성이 시작되고 한참이 지나도 지구상에 불이 있었다는 흔적은 없다. 현
재까지 발견된 가장 오래된 불의 흔적이 있는 지층의 연대는 대략 4억 년 전
인 데본기(the Devonian period) 초기이다.[Pyne, 2001, p.3]

　이렇게 불이 나타나는 것이 늦어진 이유는 광합성이 시작되고 많은 생명
체가 나타났지만 오랜 기간 동안 대부분의 생물은 물속에서 살고 있었기 때
문이다. 왜냐하면 태양이 내보내는 빛에는 생명체에 치명적인 자외선이 상
당량 포함되어 있기 때문이다. 물은 자외선을 막아 주지만 물에서 벗어나
서 육상으로 진출하게 되면 자외선에 노출되어 생존할 수가 없다. 그런데
자외선이 산소를 오존으로 바꾸어 주는 화학 반응($3_{O_2} \rightarrow 2_{O_3}$)을 일으켜서 대
기 중에 오존을 만든다. 산소 농도가 높아지면서 오존이 더 많이 만들어지

2　이 시기의 대기를 원시 대기라 부르는데, 원시 대기 중에 산소가 없었다는 것이 지구에 산소가
없었다는 이야기는 아니다. 지구의 표면층(지각, crust)을 구성하는 물질은 금속을 포함한 원소들이
산소와 반응한 산화물이다. 예를 들어서 흙을 한 줌 쥔다면 그중에 반 이상은 실리콘 산화물인 실리
카 성분이고 나머지의 반은 알루미늄 산화물인 알루미나 성분이며, 그 외에 산화철이나 석회 성분
이 유의미하게 들어 있고 나머지는 소량의 여러 금속의 산화물들로 구성되어 있다. 물도 수소와 산
소의 산화 반응의 결과물이다. 그리고 원시 대기 중에 이산화탄소가 많았는데, 이 이산화탄소도 탄
소와 산소의 연소 반응의 결과이다. 이러한 사실을 보면 원래 지구의 대기에는 산소가 있었지만, 어
느 시점에 이 산소가 수소 및 탄소 그리고 금속들과 반응해 버리면서 대기 중에서는 고갈되었기 때
문이라고 추측할 수 있다.

게 되고, 실루리아기(the Silurian period)가 되면 대기 상층부에 오존의 층이 만들어지면서 자외선이 지표에 도달하는 것을 차단할 수 있게 되어 실루리아기 후반에 생명체가 육상으로 진출하기 시작했다. 그리고 이어지는 데본기 중에 빠르게 육상 식물이 늘어나면서 '인화성 물질'이 지상에 쌓이기 시작했고, 대기 중에 '산소' 농도도 높아짐으로써 불이 날 수 있는 두 조건이 준비되었다.

이제 불이 나기 위해서는 '발화온도'를 넘는 고온이 만들어지면 된다. 번개, 화산 활동, 바람에 의한 마찰, 떨어지는 돌의 충돌 등과 같은 자연 활동들이 발화온도 이상의 높은 온도를 만들 수 있기 때문에 인화성 물질과 산소가 준비된 이후에는 이러한 자연 활동에 의해서 언제든지 불(이렇게 자연이 만드는 불을 '야생의 불'이라 부르고자 한다)이 날 수 있었고, 데본기 지층에 불이 났던 흔적을 남기게 된 것이다. 야생의 불을 만들 수 있는 자연 활동 중에서 가장 자주 지구 여러 곳에 불이 일게 만든 것은 번개이다.[Pyne, 2001, p. 4] 프로메테우스 이야기처럼 많은 지역에서 불이 하늘의 선물로 묘사된 신화가 전승되는 것은 이 때문일 것이다.

이렇게 인류가 탄생하기 전부터 지구상에는 야생의 불이 종종 만들어졌다. 그리고 불이 옮겨붙는 인화온도는 불이 처음 만들어질 때 필요한 발화온도보다 낮기 때문에 한번 불이 나면 주위의 인화성 물질로 확산되는 것은 어렵지 않다. 따라서 불이 난 곳 주위에 연소 가능한 물질이 많으면 불은 폭발적으로 확산되는 경향이 있다. 이와 같이 자가 발전하는 불의 성질 때문에 한번 불이 나면 걷잡을 수 없이 커지게 되며, 유기물들을 재생할 수 없이 태워버린다. 따라서 야생의 불은 아주 위험하고 피해야 하는 존재이다. 이

제 인류가 어떻게 이토록 위험한 불을 가까이하고, 점유하고 사용하게 되었는지 보도록 하자.

1
불 사용의 시작

인류와 불의 만남

석기 시대는 보통 구석기 시대와 신석기 시대로 나뉘며, 석기를 만드는 방법에 따라 좀 더 자세하게 구분되기도 한다. 구석기 시대의 시작은 정확하게 알 수 없지만, 계속되는 유적 발굴로 인류 조상 또는 원시 인류의 역사는 점점 길어지고 있다. 인류가 불을 사용하기 시작한 시기가 언제인가는 아직 명확하지 않다. 150만~50만 년 전의 원시 인류들이 불을 사용했다는 여러 연구 결과도 있지만, 이 연구들에 대해서는 아직 논란이 있다.[1] 그렇지만 40만 년 전부터는 호모 에렉투스가 남긴 유적에서 불을 사용한 흔적이 많이 발

---

[1] 예를 들어서 1940년대에 고생물학자 다트(Raymond Dart)는 사람과 비슷하지만 직접적인 혈통을 통해 연결되지 않은 영장류가 이미 150만 년 전에 불을 통제하고 있다는 것을 증명할 만한 증거를 발견했다고 주장했다. 다트는 이 종의 유골을 남아프리카공화국 마카판스가트(Makapansgat) 지역에서 발견했으며, 이름을 오스트랄로피테쿠스 프로메테우스(Australopithecus prometheus)라고 명명했다. 체소완자(Chesowanja, 케냐)와 스와르트크란스(Swartkrans, 남아공) 부근의 훨씬 더 오래된 몇몇 유적지에서도 이르면 150만~140만 년 전부터 인간이 불을 사용했다는 주장이 제기되었다. 다만, 이러한 연구들에 대해서는 근거가 미약하다는 비판도 제기되고 있다.

견되고 있기 때문에 적어도 이 시기 이후에는 인류 집단들이 불을 지속적으로 이용했다고 보고 있다.

프롤로그에서 설명했듯이 자연이 만드는 야생의 불은 원시 인류가 나타나기 전부터 존재했기 때문에 우리 선조들은 여러 종류의 야생의 불을 만날 기회가 있었을 것이다. 그중에서도 쉽게 꺼지지 않고 숲이 오랫동안 타들어 가는 산불이나 들불을 많이 접했을 것이다. 이 불들은 지금도 통제하기 힘들고 위험하니 우리 선조들에게는 아주 위협적이고 두려운 존재였을 테지만 인류는 이 두려움을 극복하고 어느 시점부터 불에 가까이 다가가 간헐적으로 이용하기 시작했고, 이후 제대로 불을 이용하게 된 40만 년 전까지 긴 기간에 걸친 노력으로 불을 소유하면서 이용하게 되었다.

불을 통제하기 위해서 이 기간에 인류가 했던 일들의 진행 과정들을 보여주는 증거들이 거의 남아 있지 않기 때문에 아직은 그 과정들이 명확하게 이해되고 있진 않지만, 가우스블럼(Goudsblom)은《불과 문명 Fire and Civilization》이라는 책의 1장에서 이 과정에 대한 추론을 제시하고 있으며[Goudsblom, 1992], 그 내용을 요약하면 아래와 같다.

불의 이용 과정은 우연적이고 수동적인 이용에서 불을 의도적으로 수집, 보존, 그리고 만들어 내는 능동적인 단계로까지 발전했다. 우연적이고 수동적인 이용은 꺼진 잿더미 또는 꺼져 가는 불에서 이득을 얻는 것이다. 아마도 인류의 조상들은 불이 꺼진 후에도 따뜻한 온기를 제공한다는 사실과, 잿더미 속에서 불에 익은 과일이나 씨앗 그리고 불에 탄 고기를 구할 수 있다는 것을 우연한 기회에 알게 되었을 것이다. 그래서 불이 난 곳이 보이면 그 주위로 다가갔고 불이 꺼지고 나면 이를 이용했을 것이다. 보통 산불이 꺼진 곳에 동물들이 모여드는 것은 야생에서 일상적인 현상이다. 사슴과 같은 초식동물들은 염분이 있는 재를 찾아서 모여들고 포식자들은 불타는 잔해 속에서 먹이를 얻으려고 모여든다. 다른 동물들처럼 인류의 조상들도 불을 이용했을 것이다. 다만 다른 동물들이 이 상황에 머물러 있는 동안 인류는 불을 능동적으로 사용하고 소유하고 통제하게 된다.

이 과정이 가능하게 된 것은 원시 인류가 불을 사용할 수 있는 신체적, 정신적, 그리고 사회적 조건들을 가지고 있었기 때문이다. 신체적으로 보면 직립 자세로 손을 쓸 수 있는 덕분에 손에 막대기를 들고 아직 꺼지지 않은 잿더미를 뒤적거리면서 그 안의 먹을 것을 찾을 수 있었다. 그리고 그 과정에서 불을 뒤적거리던 나무에 불이 붙는다는 것과, 나뭇가지를 던져 불길을 연장시킬 수 있는 것을 알게 되었을 것이다. 불이 붙은 나무는 원시 인류에게 큰 힘을 주었다. 그들이 남보다 먼저 불에 도달했더라도 다른 포식자들이 오게 되면 자리를 피해야 했지만, 이제 원시 인류는 불붙은 막대라는 무기를 가지고 다른 경쟁자를 몰아내고 불을 점유하는 시간을 늘릴 수 있었고, 불을 통제하는 기술을 배울 기회가 많아졌을 것이다.

불을 이용하는 다음 단계는 외부 환경의 변화로 언제 꺼질지 모르는 노천의 불을 안전한 곳으로 이동시켜서 사용하는 것이다. 이 행동은 신체적인 조건만으로 쉽게 할 수 있는 일이 아니다. 우선 불을 어떤 장소에서 특정 장소로 옮기겠다는 목적의식이 있어야 한다. 이러한 목적의식은 현재 장소의 한계를 알고 불이 더 오래 유지될 수 있는 더 좋은 장소를 찾아내고 정할 수 있는 판단 능력이 있어야 한다. 그리고 상당한 수준의 분업에 기초한 조직적 행동이 따라 줘야 했다. 이러한 어려움을 극복하고 오래 지속되는 불을 사용하게 된 집단은 생존과 번영에 도움이 되는 큰 수단을 가지게 된 것이다.

이러한 불의 지속적인 사용 과정이 모든 인류 집단에서 동등한 속도로 진행되지는 않았을 것이다. 처음에는 우연적인 사용을 하는 집단들이 산재하다가 지속적으로 불을 이용하는 집단과 우연적인 불을 이용하는 집단이 병존했고, 최종적으로 인류 전체가 불을 의도적이고 지속적으로 이용하게 되었다. 그리고 이 변화는 집단 내에서도 한 방향으로만 일어난 것은 아니고 앞뒤로 움직이는 진자 운동처럼 불 다루는 기술이 발전하다가 후퇴하거나 단절되기도 하면서 진행되었을 것이다.

가우스블럼이 제시한 이러한 추론은 흔적이 거의 남아 있지 않은 아주 오래된 과거의 일로 증명할 수 있는 유적이나 유물을 바탕으로 도출된 것은 아니지만 매우 합리적이고, 실제로도 유사한 방식으로 진행되었을 것이라고 생각된다. 이러한 과정을 통해서 원시 인류는 독점적으로 불을 통제하고 이용할 수 있게 되었고, 다른 동물들은 불에서 멀어지게 되었다. 그리고 이 과정은 간단하게 보이지만 아주 오랜 기간에 걸쳐 진행되었다. 이렇게 불을 통제하는 능력이 발전하면서 인류의 생활 모습이 변해 갔고 자연에 대한 지배력은 강해졌다.

불타는 나무 막대기와 노천불

가우스블럼의 추론을 바탕으로 불을 사용하게 된 과정에 대한 시나리오를 조금 더 자세히 만들어 보자. 그가 이야기한 대로 불이 났다가 꺼진 장소는 그 장점을 경험한 많은 동물들이 모여드는 장소이다. 그렇기 때문에 잿더미에서 이득을 얻기 위해서는 그 장소를 점유하기 위한 경쟁이 불가피했다. 우선 빨리 도착하면 유리했다. 이 경쟁에서 직립보행을 하는 원시 인류는 시야가 높다는 장점이 있었을 것으로 생각된다. 높은 곳에서 볼 수 있다는 것은 더 멀리까지 볼 수 있고 길을 찾는 데도 유리하다. 그래서 원시 인류가 다른 동물들보다 빠르고 정확하게 장소를 확인하고 찾아갈 수 있었을 것이다. 이렇게 일찍 도착하면 꺼진 불의 이득을 얻기에 유리했다. 그렇지만 자연의 세계에서는 권리가 선착순으로 주어지는 것이 아니라 강자에게 주어진다.

이 시기에 원시 인류는 제대로 된 도구를 가지지 못했었다. 따라서 육체적 능력에 의해서 우열이 결정되는데 원시 인류의 육체적 능력은 자신보다 강력한 식육목[2]에 속하는 덩치가 큰 포식자에게 대항할 수 없었고, 그래서 이들이 다가오면 생존을 위해서 자리를 떠나 도망쳐야 했을 것이다. 결국 원시 인류가 잿더미를 이용할 수 있는 기회는 여우나 늑대보다 빨리 도착해서 이들이 오기 전까지였다. 뒤이어 도착하는 다른 맹수들 때문에 재에서 멀어져야 했던 경험을 통해서 도착하자마자 최대한 빠르게 불에서 이득을 챙겨야 한다는 것을 터득했을 것이다.

마찬가지로 잔불이 남아 있거나 불 꺼진 직후에 성급하게 불을 뒤적이면 화상을 입게 된다는 것도, 안전한 수준으로 온도가 낮아진 후에 불을 뒤져야 한다는 것도 경험을 통해 알게 되었을 것이다. 이러한 인식은 원시 인류에

---

2 식육목(Carnivora, 食肉目)은 포유류 중에서 육식을 하는 동물들이 속한 '목'이고 이 속에 고양이과 (사자, 호랑이, 표범, 재규어 등), 하이에나과, 곰과 그리고 개과(개, 늑대, 여우 등) 등이 포함되며 이들은 각 지역 생태계의 최상위 포식자 그룹이다.

국한된 것이 아니고, 대부분의 동물들이 불이나 온도가 높은 재에 다가가지 않는 것을 보면 이러한 지식은 동물들에게도 각인되어 있는 것으로 보인다.

그러나 다재다능한 손을 자유롭게 사용할 수 있었던 원시 인류 중 '누군가'가 뜨거운 불이나 재에 다가가지 말라는 금기를 무시하고 나무 막대를 사용해서 불을 뒤져서 먹을 것을 찾아내는 방법을 시도했을 것이다. 이 행동을 한 '누군가'는 어쩌면 인류 역사에서 가장 위대한 혁신가일 수 있다. 이 행동으로 인류는 불을 뒤지는 '도구'로서 '나무'라는 재료로 만들어진 '나무 막대기'를 사용하기 시작한 것이다. 아마도 '불을 뒤지는 나무 막대기'는 인류에게 두 번째 '도구'가 될 수 있을 것이다.[3] 나무 막대기를 가지고 불을 뒤질 수 있게 되면서 불이 꺼지기 전에도 그 속에서 식량을 구할 수 있게 되었다. 다른 동물들은 타고 있는 불이나 불이 막 꺼진 후 아직 온도가 높은 재에 접근할 수 없어서 불이 꺼진 후 어느 정도 식을 때까지 기다려야 했지만, 원시 인류는 이 도구 덕분에 꺼져 가는 불이나 아직 식지 않은 재를 활용할 수 있게 되었다. 이 덕분에 불에서 이득을 얻을 시간과 기회가 획기적으로 늘어나게 되었을 것이다.

그리고 더 중요한 것은 이렇게 나무 막대기로 불을 뒤지는 행동을 하는 과정에서 나무 끝에 불이 붙는 현상을 발견했을 것이라는 사실이다. 이 발견

---

3 두 번째 도구라고 이야기한 것은 첫 번째 도구가 손으로 집어 들 수 있는 돌이라고 생각되기 때문이다. 처음 불에 접근했던 이 시기는 지금 유적이 남아 있는 구석기 시대보다 훨씬 이전이기 때문에 그 당시 원시 인류가 가공된 석기를 사용했을 가능성은 낮다. 그래도 직립이고 다재다능한 손을 가지고 있는 원시 인류가 손에 잡히는 돌을 집어던져서 사냥을 하거나, 단단한 과일의 껍질이나 조개류 껍질을 깨는 것에 이용했을 것으로 충분히 추론할 수 있어서 아마도 손에 잡히는 가공하지 않은 돌이 인류의 첫 번째 도구가 될 것이다.

은 두 가지 혁신으로 이어진다.

하나는 불이 꺼져 갈 때 나무를 더 넣어서 불을 살릴 수 있게 된 것이다. 처음에는 꺼져 가는 불, 또는 꺼진 줄 알았던 잿더미에 나무 막대기를 넣고 뒤적이는 과정에서 나무에 불이 붙어서 깜짝 놀라서 막대기를 떨어트렸을 것이다. 그리고 이렇게 나무를 떨어트리면 불이 다시 타오르는 것을 보게 되었을 것이다. 이러한 과정에서 꺼져 가는 불에 나무를 넣으면 불을 계속 유지할 수 있다는 것을 알게 되는 것은 그렇게 어렵지 않았을 것이다. 그리고 어느 시점부터 의식적으로 불을 더 지속시키기 위해서 나무를 조금씩 계속 넣게 되었을 것이다. 이제 인류는 '연료'로서의 '나무'의 새로운 용도를 발견한 것이고, 의도적으로 불의 수명을 늘릴 수 있게 되었다.

또 하나의 혁신은 '불타는 나무 막대기'라는 도구를 얻은 것이다. 초기에는 불을 뒤적이던 나무에 옮겨붙은 불이 무서워서 나무 막대기를 버렸겠지만, 점차 어느 정도 길이가 되는 막대기 끝에 불을 붙여 막대기를 바로 들면, 불이 위쪽으로 몰리고 그 불은 그렇게 위험하지 않다는 것을 알게 되었을 것이다. 여러 번의 시행착오를 겪었겠지만 결국 원시 인류는 '불타는 나무 막대기'라는 새로운 도구를 손에 쥘 수 있게 되었을 것이다. 이 세 번째 도구는 인류의 생존 조건을 극적으로 변화시키는 중요한 도구로 발전했다. 우선 인류의 손에 강력한 무기가 생겼다. 대부분의 강한 포식자들은 털이 길어 불에 큰 약점을 가지고 있었기 때문에 이 도구를 사용하면 포식자들과 싸워서 쉽게 이기거나 쫓아낼 수 있었다. 그리고 이 불타는 나무 막대기를 사용하면 다른 곳에 불을 붙이는 것이 가능했기 때문에 인류는 인위적으로 새로운 곳에 불을 옮겨 사용할 수 있는 능력도 갖게 되었다.

이제 인류는 불이 난 곳을 발견하면 바로 출발해서 불이 꺼지기 전에 도착하려고 노력하게 되었을 것이다. 불이 꺼지기 전에 도착해서 연료인 나무를 계속 공급하면 불을 계속 살리면서 사용할 수 있었다. 그리고 다른 포식자들의 접근이나 공격을 불붙은 나무 막대기를 사용해서 막아 내면서 오랜 시간 불에서 이득을 얻을 수 있게 된 것이다. 이렇게 해서 산불이 지나간 후 꺼져 가던 불이 인류가 이용하는 불로 바뀌게 된다. 이 불을 '노천불'이라고 부르도록 하겠다. 인류는 이제 노천불을 상당한 시간 동안 사용할 수 있게 되었고, 이렇게 불을 오래 사용할 수 있게 되면서 인류의 선조들은 불을 사용하는 법을 배울 기회도 많아지고 불을 다루는 능력도 향상되어 갔을 것이다.

하지만 불이 났던 곳에서 노천불을 계속 유지하면서 이용하는 것은 몇 가지 문제가 있어 지속적으로 이용하는 데 한계가 있었다. 바람이 많이 불면 불이 꺼지거나 통제할 수 없는 속도로 커져서 주위의 사람이 위험에 노출될 수 있었고, 비가 오면 더 이상 불을 유지할 수 없었다. 그리고 주위가 산불로 완전히 타 버린 지역이면 연료를 계속 공급하는 데도 어려움이 있었을 것이다. 이러한 문제 때문에 노천불은 사용할 수 있는 시간이 한정되어 있었다. 불을 다루는 기술이 발전해 갔기 때문에 사용할 수 있는 시간은 점차 늘어났겠지만, 자연환경은 인류가 통제할 수 있는 것이 아니기 때문에 오랜 시간 안정적으로 사용할 수는 없었다.

그리고 더 큰 문제는 한번 불이 꺼지면 언제 다시 불이 생길지 알 수 없다는 것이다. 자연적으로 불이 나는 것이 아주 드문 것은 아니다. 번개, 화산 등 자연적인 이유로 현재도 상당한 빈도로 산불이 많이 일어나고 있다. 전 세계에서 일어나는 산불의 빈도를 계산한 통계는 없지만 미국의 통계를 보면 매년 7만 건 정도의 산불이 일어나고 있다.[4] 과거에는 숲이 더 많았기 때문에 산불의 빈도는 지금보다 더 많았을 것이다. 그렇긴 해도 특정 지역에 살고 있는 개인이 불을 만날 기회는 드물고 기약할 수 없는 일이다. 다시 말하면 어쩌다 불을 만나서 이용했더라도 한번 꺼지고 나면 다시 불을 만나는 것이 언제인지는 예측할 수 없었고, 어쩌면 남은 생애 동안 못 볼 수도 있었다.

노천불에서 모닥불로

인류는 노천불의 한계를 극복해서 불을 지속적으로 사용하기 위해서 불을 외부 환경의 영향을 덜 받는 장소로 옮기는 새로운 도전을 하게 된다. 불을 옮기는 것 자체는 불타는 나무 막대기를 손에 들고 있다가, 던지거나 이동해서 다른 곳에 불을 붙이면 되니 어렵지 않다. 그러나 불을 오래 유지할 수 있는 장소를 찾아 그곳으로 옮기고, 그 후 불을 계속 살리면서 사용하는 것은 복잡한 고도의 사고 과정이 필요한 작업이다.

먼저 "이 불을 여기에서 다른 장소로 옮겨야 한다."는 판단을 내리기 위해서는 경험, 지식 그리고 추론 등 여러 단계의 사고 과정이 필요하다. 노천불은 나무를 계속 넣어 주어도 환경의 영향 때문에 언젠가는 꺼진다는 것을 인식하고, 어떤 장소에서 불이 오래 유지되는가에 대한 지식이 있어야 하며, 그 장소도 알고 있어야 한다. 이러한 배경지식에 더해서 불을 현재 장소에서 더 좋은 장소로 옮겨야 한다는 목적의식이 있어야 한다.

---

4 https://www.epa.gov/climate-indicators/climate-change-indicators-wildfires

이런 판단이 서면, 다음으로는 그 판단을 실행할 수 있는 구체적인 방법을 생각해 내고 실천해야 한다. 불을 옮기는 실행 과정도 간단하지는 않다. 불을 이동하는 도중에 마주칠 환경의 불확실성을 극복하고, 불타는 나무 막대기를 바꾸어 가면서 불을 꺼트리지 않고 원하는 장소로 옮겨야 한다. 이 작업은 개인이 혼자 할 수 있는 것이 아니고 불을 옮기는 일, 막대기를 구하는 일, 주위를 지키는 일 등을 나누어서 하는 집단의 협력이 필요하다. 그리고 옮긴 장소에서 불을 안정적으로 유지하는 높은 수준의 불 관리 기술과 불 관리 체계를 갖추어야 한다. 결국 인류의 선조들은 복합적인 사고 과정과 집단의 협력을 거쳐서 '노천불'을 안전한 곳으로 옮겨서 사용하게 되었다. 이렇게 옮겨진 불을 '모닥불'이라고 부르도록 하겠다.

모닥불을 사용하게 되면서 인류는 오랜 시간 안정적으로 불을 소유하고 쓸 수 있게 되었다. 그리고 집단화한 사람들이 모닥불 주위에서 어느 정도 이상 길게 살았기 때문에 그 장소에 생활했던 여러 흔적이 남게 되었고, 오늘날 이 흔적들이 발견되면서 이 당시의 모습을 재구성할 수 있게 된 것이다. 이 시기의 유적들의 대부분이 동굴에서 발견되고 있기 때문에 박물관을 방문해 보거나, 역사 교과서를 찾아보거나, 아니면 인터넷 검색을 했을 때 볼 수 있는 구석기 시대의 대표적인 모습은 "인류가 모여 동굴에서 불을 사용하는 생활"이다. 아마도 인류의 선조들은 동굴이 외부환경으로부터 불을 보호해 줄 수 있는 가장 좋은 장소라고 판단했던 것 같고 이 판단은 지금 봐도 합리적이다.

하지만 동굴에서 산다는 것이 쉬운 일이 아니다. 동굴은 아무나 차지하고 살아갈 수 있는 장소가 아니기 때문이다. 불을 고려하지 않더라도 동굴은

비, 바람 그리고 추위나 더위를 피할 수 있기 때문에 모든 동물에게 인기 있는 주거지였을 것이다. 그런데 동굴은 보통의 경우 퇴로가 없기 때문에 다 같이 한데 모여 있을 때 더 강한 포식자가 공격하면 피할 길이 없이 모두 몰살당할 위험이 있다. 그래서 아무리 동굴이 탐나더라도 포식자의 공격을 걱정하지 않을 존재, 즉 인근에서 가장 강한 존재가 아니라면 동굴에서 살아갈 수 없는 것이다. 다시 말하면 동굴에서 오래 거주하면서 유적을 남긴 구석기인들은 최소한 그 근처에서는 생태계의 최상위자였음을 보여 주는 것이다.

도구도 거의 없고, 신체 능력도 강한 포식자들에 비해서 경쟁력이 없었던 인류의 조상들이 이러한 위치에 놓이게 된 것은 불을 소유하고 사용할 수 있게 된 것이 가장 큰 이유라고 보는 것이 타당하다. 남아공의 고고학자 브레인Charles Kimberlin Brain은 《사냥꾼 또는 사냥감? The Hunters or the hunted?》이라는 저서에서 원시 인류와 대형 포식자 사이의 힘의 균형이 바뀌는 상황을 보여 주는 발굴 내용을 서술했다. 그 책에는 그가 호모 에렉투스가 주거했던 유적이 발굴되었던 동굴을 더 파고 들어가자 (지금은 멸종된) 고양이과의 큰 맹수들이 오스트랄로피테쿠스도 잡아먹으면서 살았던 흔적이 발견되었다는 내용을 서술하고 있다. 결국 그 동굴의 주인, 즉 그 지역 생태계의 최상위자가 오스트랄로피테쿠스 시절에는 맹수였는데 시간이 지나면서 호모 에렉투스로 바뀐 것이다. 그는 두 원시 인류의 운명이 달랐던 가장 큰 원인은 불이라고 추론했다. 불을 사용하지 못했던 오스트랄로피테쿠스는 동굴의 주인인 강한 포식자들에게 희생되었지만 불을 사용할 수 있었던 호모 에렉투스는 다른 포식자를 사냥할 수 있는 위치에 서게 되었고, 그 결과 안심하고 동굴에 살 수 있게 된 것이다. 이처럼 불의 사용이 인류를 사냥감에서 사냥꾼으로 바꾸어 주었다. 다른 동물들과 마찬가지로 처음에는 불을 보고 도망가다가 점차 꺼진 불의 이점을 알고 불이 꺼진 자리에 다가가서 잿더미를 뒤지던 원시 인류가 어느 순간엔가 나뭇가지를 손에 들고 재를 휘젓는 것부터 시작해서 불의 주인이 되고, 생태계의 정상 자리에 올라서 동굴에 정착할 수 있게 된 것이다.

　여기서는 간단하게 서술했지만, 안정적으로 동굴에서 불을 사용하면서 유적을 남기기 시작한 시기가 40만 년 전부터라고 본다면, 〈그림 1〉에서 보듯이 불의 유용성을 발견하고, 동굴로 옮겨서 유지하는 것에 성공하기까지의 과정은 200만 년 전까지로 추정되는 인류 역사의 4/5에 해당하는 긴 여정이었다. 이 긴 시간 동안 불이라는 위험한 존재 때문에 다치고 목숨을 잃

그림 1 인류의 조상들이 불의 좋은 점을 알기 시작하고, 나무를 사용해서 불을 뒤지다 나무 막대에 불이 옮겨붙는다는 것을 알게 되면서 불타는 나무 막대를 사용하게 되었다.

는 일을 수없이 겪으면서도 결국 불을 통제하여 생태계 정상에 선 인류의 조상들에게 경의를 표해야 할 것이다.

모닥불을 둘러싼 삶

모닥불을 사용하게 된 인류는 불을 써서 다른 동물들을 물리치고 어느 정도 안정적으로 살아갈 수 있게 되었다. 그런데 이 시기에 생태계의 정상에 섰다고 하더라도 맹수들에 비해 항상 우위에 서 있었던 것은 아닐 것이다. 가장 오래된 문자 기록을 남겼던 수메르의 서사시 중의 하나인 〈엔메르카르와 아라타의 왕〉을 보면 이상향에 대해서 다음과 같이 서술하고 있다. [크레이머 저, 박성식 역, 2020, pp. 311-312]

마침내 인류의 조상들은 동굴로 불을 옮겨서 오랫동안 사용할 수 있게 되었는데, 지금 보면 단순해 보이는 이 과정에 무려 150만 년 가까운 시간이 걸렸다고 추정된다.

옛날 옛적에 뱀이 없었고, 전갈도 없었고,

하이에나도 없었고, 사자도 없었고,

들개도 없었고, 늑대도 없었고,

두려움도 없었고, 공포도 없었고,

인간은 적이 없었다.

...

이 시는 우르크 제1왕조 제2대 왕 엔메르카르가 '광물'이 풍부한 아라타를 복속시키고 '금속'과 '돌'을 확보하는 이야기로 구성되어 있는데, 청동기 시대의 이야기를 다룬 것으로 보아 청동기 시대 또는 철기 시대에 쓰인 작품일 것이다. 그럼에도 이때 생각한 유토피아가 맹수의 위협이 없는 곳이라는 것은 역설적으로 그 시기까지도 인류는 강한 동물들을 두려워하고 있었다는 것을 보여 준다.

불을 사용해서 생태계 정상을 차지하고, 동굴을 점령하고 살면서 그 유적을 남길 수 있었지만, 다른 맹수에게 절대적으로 강한 것이 아니고 언제나 공격에 노출되어 생존이 위협받을 수 있었다. 이를 극복하고 안정적 생존과 번영을 확보하기 위해서는 인류에게 지속적인 기술 개발과 체계적인 집단화가 필요해진다.

불을 안정적으로 오래 이용할 수 있는 기회가 생기면서 인류는 불을 여러 가지 용도, 즉 조리, 난방, 조명, 도구 제작, 무기 등에 다양하게 활용하게 되었다. 사실 이 기능들 하나하나가 인류의 생존, 진화, 그리고 문명의 발달에 큰 영향을 주었다.

우선 불에 의한 음식의 조리는 불의 효용을 발견하는 계기가 된 것으로 불 사용 초기부터 중요한 용도였을 것이다. 음식물의 주요 성분인 탄수화물과 단백질 등은 온도가 적절하게 올라가면 소화가 잘되도록 변성이 일어난다. 이렇게 변성이 일어나면 같은 양의 음식을 먹어도 더 많은 영양소를 흡수할 수 있는 장점이 있고, 인류로서는 먹을 수 없었던 동식물을 먹을 수 있게 됨으로써 확보할 수 있는 식량이 늘어나는 것이었다. 생리적인 측면에서 소화에 들어가는 에너지가 절약되면서 신체적 그리고 정신적 활동을 더 많이 할 수 있게 되고, 큰 대뇌를 가지고 높은 수준의 사고 활동을 할 수 있는 현생 인류로의 진화가 가능하게 된 조건이기도 하다. 또한 불로 가공하는 과정에서 세균이나 기생충이 죽기 때문에 감염에 의한 질병이 줄어들게 되고, 음식물을 장기간 보관할 수 있게 됨으로써 식량 확보의 변동성을 완화시킬 수 있었다. 이러한 변화는 인류의 두뇌 발달, 수명 연장 그리고 인구 증가에 기여했을 것이다.

불의 따뜻함을 이용하는 난방도 불 사용 초기부터 쉽게 인지하고 활용했을 것이다. 불의 따뜻함은 밤이나 갑자기 닥친 폭풍우에 의한 한기를 막아 줄 수 있고, 겨울의 추위를 견딜 수 있게 해 주었다. 이는 질병이나 동사凍死와 같은 갑작스러운 죽음으로부터 인류를 지켜 주었을 뿐 아니라, 사람들이 더 추운 지역에서도 살아갈 수 있게 도와줌으로써 지구상에 인류가 더 넓게 퍼져 살게 되는 효과를 가져왔다.

불은 열뿐만 아니라 빛을 내기 때문에 인류는 밤에 모닥불 주위에서 무언가를 할 수 있게 되어 사냥이나 채집 시간을 희생하지 않으면서도 음식을 정리하고, 옷이나 도구를 만들 기회가 늘어나게 되었다. 그리고 집단 간의 교류 시간이 늘어남으로써 언어 발달, 사회성 증가 등 집단 활동에 도움이 되는 사회적 지능의 발달도 촉진되었을 것이다.

모닥불 시대의 도구와 재료

불은 청동기 시대 이후 재료 제조 및 가공 그리고 도구 제작에 결정적인 기여를 하는데, 이러한 작업은 모닥불로는 할 수 없었다. 그렇지만 모닥불도 도구 제작에 어느 정도의 발전 요인이 된다. 이 시기에 인류는 주로 돌과 나무로 만들어진 도구를 사용했고 일부 뼈나 뿔로 만든 도구가 있었다. 이 도구들은 시간을 들여 갈아 만들어야 했는데, 이는 불빛에 의해서 주어진 저녁 시간의 산물일 가능성이 높다고 생각된다.

석기의 재료인 돌은 지구상에 많기 때문에 쉽게 구할 수 있는 것으로 보인다. 그러나 모든 돌이 석기의 재료로 쓰인 것은 아니다. 아주 초기에 사용했을 것으로 보이는 던지는 용도의 돌은 손에 쥘 수만 있으면 되었겠지만, 도끼와 같이 힘을 써야 하는 도구의 재료가 되는 돌은 일정 수준 이상으로 강해야 했다.

재료가 얼마나 강한가를 나타내는 지표로 사용되는 것이 '재료의 강도'인데 이에 대해서 간단히 설명하고 이야기를 이어가겠다. 재료에 힘을 주어 누르거나 당기면 재료가 변형되다가 어느 한계값을 넘으면 파괴된다. 이 한계값을 재료의 강도[5]라고 부른다. 재료의 강도도 힘의 방향에 따라서 차이

---

5 재료의 강도는 두 개의 값이 있다. 재료에 힘을 가하면 처음에는 힘에 비례해서 재료가 조금씩 변형된다. 즉 당기면 늘어나고 누르면 줄어든다. 그런데 이때의 변형되는 양은 그렇게 크지 않아서 외형이나 재료의 기능에 큰 차이가 없다. 그러다가 힘의 크기가 어느 한계값을 넘어가면 같은 힘에도 변형되는 양이 급격하게 커지면서 외형도 변화한다. 이 한계값을 항복 강도라고 부른다. 그리고 계

가 있는데, 재료가 잡아당기는 힘에 버티는 크기를 인장 강도, 그리고 누르는 힘에 버티는 크기를 압축 강도라고 부른다. 도끼로 무언가를 친다고 하면 도끼 머리와 대상이 모두 누르는 힘을 받는다. 따라서 도끼 머리를 만드는 재료는 압축 강도[6]가 커야 한다.

돌은 보통 세 개의 경로로 만들어진다. 물이나 빙하 그리고 바람에 의해서 쌓인 모래 알갱이들이 힘을 받아서 서로 결합된 것을 퇴적암이라 부른다. 알갱이의 크기 그리고 종류에 따라서 다양한 퇴적암이 있는데, 그중에서 대표적인 것은 혈암(고운 모래), 사암(보통 크기의 모래), 역암(큰 모래나 자갈), 방해석(석회 성분을 갖는 생명체의 퇴적물), 석회석(방해석이 열과 압력을 받아서 만들어짐) 등이 있다.

그리고 돌이 녹았다가 굳어져서 만들어진 화성암이 있다. 이들은 화산 활동 과정에서 마그마가 액체 상태로 분출되고 흘러내리면서 굳어져서 만들어진다. 돌의 성분과 굳는 속도에 따라서 다양한 종류의 암석이 만들어진다. 깊은 땅속에서 분출하지 않고 남아 있던 마그마가 천천히 굳으면서 만들어진 화강암과 지표로 빠져나온 마그마가 빠르게 굳어서 만들어진 현무암이나

속 힘을 높이면 어느 순간에 재료의 파괴가 일어난다. 이 값을 파괴 강도라고 부른다. 우리가 관심을 가지는 강도는 도구일 때와 대상이 될 때 다르다. 도구로 사용되는 재료는 항복 강도를 넘는 힘을 받으면 도구로서의 기능을 상실하기 때문에 항복 강도가 중요하다. 그리고 대상이 되는 재료는 파괴되는 힘이 중요하기 때문에 파괴 강도가 중요하다. 그래서 이 책에서 '재료의 강도'라고 표현하는 값은 도구가 되는 재료는 항복 강도 값이며, 대상이 되는 재료는 파괴 강도 값이다.

6 대부분의 재료는 압축 강도와 인장 강도 차이가 크지 않다. 그런데 돌은 둘의 차이가 매우 커서, 압축 강도가 인장 강도보다 매우 크다. 석기 시대 도구들은 대부분 압축하는 방향의 힘을 받는 데 쓰였기 때문에 압축 강도가 큰 돌은 도구로 유용하다. 돌의 약한 인장 강도는 건축물에 사용되었을 때 문제가 될 수 있다.

흑요석이 대표적인 화성암이다. 그리고 대기 중으로 분출된 마그마들이 공기 중에서 응축하여 화산재가 되어 바람을 따라 이동해서 특정한 곳에 쌓여서 만들어진 응회암이 있다. 응회암은 화성암이긴 하지만 화산재가 쌓여서 만들어진 것이기 때문에 만들어지는 과정은 퇴적암과 유사하다.

또 기존의 암석이 열과 압력을 받아 원래의 성질이 변한 변성암이 있다. 특히 퇴적암은 변성암이 되는 과정에서 입자 사이의 결합력이 강해지고 서로 화학적으로 결합하기도 하면서 성질이 아주 다른 돌이 된다. 지각의 변동 과정에서 일어나는 조산 활동 시 열과 힘을 받는 부분이나 화산이 터질 때 용암이 흐르는 주변부에 있는 암석이 변성암이 되는데 편마암, 규암, 그리고 석회석이 변성된 대리석 등이 대표적이다.

돌의 압축 강도는 종류에 따라서 기본적으로 차이가 난다. 일반적으로 화성암이 가장 강하며 퇴적암들이 약하다. 그런데 비록 같은 종류라도 만들어진 지역마다 성분에 차이가 있고 만들어지는 과정에서 생기는 크랙 같은 결함의 크기나 개수가 다르다 보니 강도 값에는 상당한 편차가 있다. 자연에서 얻어지는 돌의 압축 강도는 10~150MPa[7] 정도의 넓은 범위를 갖는다. 암석 종류별로 평균적인 값을 보면 화산재가 쌓여서 만들어진 응회암은 많이 사용되는 석재 중에서는 가장 강도가 약하고, 사암이나 편암 같은 퇴적암이 응회암보다는 강하고 석회암은 약 100MPa 정도의 강도를 갖는다. 그리고 화강암, 현무암, 대리석(석회석이 변성된 돌) 등이 암석 중에서 큰 값인

---

7 강도의 단위로 사용된 MPa은 압력의 기본 단위인 Pa(파스칼, $1Pa = 1N/m^2$)의 백만 배를 의미한다. 0.1MPa 이 대략 1기압이기 때문에 압축 강도 150MPa은 1500기압 정도의 힘으로 누르는 것을 버틸 수 있음을 의미한다.

150MPa^8 정도의 강도를 갖는다. 따라서 화강암이나 현무암으로 만든 도구들이 파괴되지 않고 오래 사용할 수 있었을 것이고, 유물로도 많이 남게 되었을 것이다. 그런데 강도가 크다는 것은 오래 사용할 수 있는 장점이 있었지만 만들기 어렵다는 단점도 있기 때문에 힘을 많이 받지 않아도 되는 도구들은 더 약한 돌을 사용해서 만들었다.

석기의 재료 중에 고고학 연구자들은 흑요석에 관심이 많다. 흑요석은 화산암의 일종으로 장석과 석영의 비율이 높은 암석이 고온에서 급격하게 응고하면서 유리화된 돌이다. 흑요석은 결함이 적어서 강도가 크고 깨지면 아주 날카로운 모서리를 가지게 되기 때문에 이를 이용해서 칼이나 화살촉 같은 도구로 매우 유용하게 사용할 수 있다. 현대에도 흑요석으로 된 칼을 가지고 수술을 하는 의사들이 있을 정도이다. 흑요석이 만들어지는 조건은 쉽게 얻어지는 것이 아니어서 원석이 발견되는 곳이 제한되어 있고, 다른 암석처럼 지역마다 성분에 조금씩 차이가 있어서 생산지를 추정할 수 있다. 그리고 표면에 생기는 수화물 층의 두께를 분석함으로써 만들어진 시대를 추정할 수도 있다.^{9} 이러한 이유로 흑요석으로 만들어진 도구들은 고고학

8 암석이 자연 속에서 응고하는 과정에서는 필연적으로 화성암 내부에 크랙이나 기공 등 결함이 생기고 강도가 150MPa 정도의 값을 가지게 된다. 만일 암석이 녹았다가 굳을 때 내부 결함 없이 잘 굳었다면 강도가 매우 커서 이 값의 5~10배 정도가 될 수 있다. 다만 자연에서 이렇게 굳기는 쉽지 않고 인공적으로 만들 수 있는데, 이렇게 만든 재료를 세라믹 재료라 부른다.

9 암석을 구성하는 산화물(SiO_2, CaO 등)들은 물과 접촉하면 쉽게 물 분자에 반응해서 수화물(hydrate)을 만든다. 그리고 암석은 아주 치밀하지 않기 때문에 자연계에 존재하는 암석들은 보통 내부까지 이 화합물들의 수화물이 상당히 만들어진다. 그런데 실리카(SiO_2)가 주요 성분인 흑요석은 고온에서 급격하게 유리화하면서 치밀한 구조를 만들기 때문에 물 분자들이 내부로 잘 침투하지 못하고 표면에만 수화물을 만든다. 그래서 흑요석을 깨서 새로운 도구를 만들면 그 순간부터 새로 만들어진 표면에 수화실리콘(hydrated silicon)층이 만들어지기 시작하고 시간이 지나면서 층이 두꺼워진다. 현미

연구자들에게 매우 인기 있는 유물이다. 이 유물의 분석을 통해서 석기 시대의 교류 또는 이동 경로를 추적할 수 있기 때문이다. 생산지에서 수천 킬로미터 떨어진 곳에서 발견되는 경우도 있기 때문에 흑요석은 매우 인기 있는 재료였고, 이 시기에도 상당히 넓은 지역 간의 상호 교류가 있었던 것을 알 수 있다.

그리고 불은 석기를 만들고 가공하는 것에도 도움을 줄 수 있다. 예를 들어서 흑요석 도구를 만들 때 날카로운 모서리를 가진 돌을 만들기 위해서는 큰 돌이나 바위를 깨야 한다. 그런데 크기가 커서 사람의 힘으로 깨기 어려운 바위도 불을 사용해서 깨트릴 수 있다. 그 방법은 큰 돌이나 바위를 벌겋게 달아오를 때까지 가열한 다음 찬물을 부으면 온도 차이에 의한, 또 다른 열충격으로 돌이 깨지면서 도구로 사용될 수 있는 날카로운 모서리를 가진 돌들이 많이 생긴다.[Howell, 2005, p. 73]

다음으로 나무에 대해서 살펴보자. 석기 시대에는 지구의 많은 면적이 숲으로 덮여 있었기 때문에 나무는 구하기 쉽고, 여러 가지 용도로 사용될 수 있는 아주 유용한 재료였다. 하지만 석기 시대에는 도구의 한계로 힘을 받을 수 있는 크기의 목재를 확보하거나 가공하는 것이 어려웠다. 석기 시대 나무의 중요한 용도 중 하나는 불을 계속 유지하는 연료용이었을 텐데, 이 용도로는 나뭇가지, 부러진 나뭇가지 줄기, 그리고 낙엽 등 여러 가지가 사

경으로 확대해서 보면 이 수화물 층은 원래의 암석층과 구별된다. 그래서 고고학자들이 흑요석 도구를 발견하면 표면에 만들어진 수화물 층의 두께를 재서 만들어진 연대를 추정한다. 이 방법을 흑요석수화물 연대측정법(Obsidian hydration dating method)이라고 부른다. 물론 수화물 층이 자라는 속도는 온도나 토양의 수분량 등에 따라서 달라지기 때문에 절대적인 연대 측정에는 한계가 있지만 비슷한 조건을 갖는 지역들에서 발견된 흑요석 도구 사이의 상대적인 연대 측정에는 유용하다.

용될 수 있었다. 횃불로 쓸 수 있는 나무 막대는 손으로 꺾을 수 있는 정도여도 가능했을 것이다. 이런 용도 외에 힘을 많이 받아야 하는 제대로 된 목재로 사용하기 위해서는 나무를 베고 다듬어야 한다. 그런데 나무는 상당히 강한 재료이다. 나무는 크게 침엽수에서 얻어지는 연질 목재(softwood)와 활엽수에서 얻어지는 경질 목재(hardwood)로 나눌 수 있는데 연질 목재는 상대적으로 약한 편이지만 압축 강도가 50MPa 정도에 달하며, 경질 목재는 이보다 강하며 100MPa 정도 또는 이보다 큰 강도를 갖는 것도 있어서 돌과 큰 차이가 없다.

다시 말하면 경질 목재는 강도가 돌과 큰 차이가 없기 때문에 돌도끼로 큰 나무를 베고 가공해서 목재를 만들어 사용하는 것은 거의 불가능했다. 따라서 석기 시대에 사용할 수 있었던 나무는 상대적으로 강도가 약한 나무들로 제한되었고, 강하고 큰 목재가 필요한 높은 건물이나 큰 배를 만드는 것은 거의 불가능했다. 또한 크지 않더라도 나무로 많이 해야 하는 도구를 만드는 것도 어려움이 있었을 것이다. 다만, 불을 이용하면 창 형태의 도구나 무기를 만드는 것이 쉬워진다. 방법은 나무의 끝을 부분적으로 태우고 주변부의 완전히 탄화된 부분을 돌로 다듬으면 날카롭게 만들 수 있다. 이런 방식으로 창 형태의 도구나 무기를 만들 수 있었다. 이 나무 창의 끝 부분은 날카로울 뿐 아니라, 태우는 과정에서 나무의 셀룰로오스 섬유 조직 안에 탄화된 흑연 가루가 들어가면서 강도도 강해진다고 한다.[Howell, 2005, p. 73] 따라서 이렇게 만들어진 창은 인류가 만든 최초의 복합재료(composite materials)라고 할 수 있다.

오래된 석기 시대 유적에서 창이나 꼬챙이 형태의 나무 도구들이 발굴되고 있는 것은 불의 도움을 받은 흔적이다. 이렇게 석기 시대 인류는 불을 사용하고 돌도끼, 불붙은 나무 막대, 나무 창 등의 무기를 만들고 개량해 가면서 신체적인 약점을 보완하고 더 강해졌다.

여기에 더해 불을 사용하면서 정신적인 진보, 특히 집단의 강화가 일어나게 된다. 불이 난 곳에 일찍 가서 불을 독점하고 계속 유지시키는 것부터 분업이 필요했다. 불을 지키는 것도 혼자서 할 수 있는 일은 아니었다. 불을 지키는 동안 누군가는 나무를 채취해 와야 했고, 불을 지키는 사람이 먹을 식량도 구해야 했을 것이다. 불을 옮기는 것도 개인의 행동으로 할 수 있는 것이 아니며, 더 나아가 불을 옮겨 놓고 지속적으로 유지하는 일은 정교한 분업과 체계적인 협력이 필요했다.

모닥불을 유지하기 위한 노력을 생각해 보면 모닥불은 개인 또는 가족 규모에서 유지할 수 있는 것이 아니었다. 따라서 모닥불 시대는 그 불을 중심으로 사람들이 협력하며 생활하는 형태가 되었을 것인데 이를 위해서는 불을 다루는 기술에 더해 집단생활을 위한 규범과 행동 양식들이 필요해지고, 의사소통 기술도 발전했을 것이다. 40만 년 전에 인류가 생태계의 정상을 차지하고 동굴에서 집단생활을 하면서 후대에 남을 벽화를 그린 것은 불을 통제할 수 있는 수준의 기술, 사고능력, 그리고 의식 수준의 발전과 체계적인 집단화를 이루었다는 의미이다.

전략적인 불의 사용과 자연의 변화

인류가 불과 도구를 활용하게 되면서 확보할 수 있는 식량이 늘어나고 위생의 향상, 열악한 환경 극복 등이 가능해지면서 인구가 늘어나게 되었을 것이다. 그런데 이렇게 지속적으로 인구가 늘어나면 자연 질서에 따른 수렵과 채집만으로는 식량 공급이 어려워지고, 이를 극복하기 위해서 사람들은 의도적으로 자연환경을 변화시켜 자원을 확보하는 행동을 하게 된다. 그 과정에서 불의 전략적인 활용이 중요해지는데 대표적인 불 활용법은 의도적인 불 지르기를 통해 채집 및 수렵 그리고 토지 정리를 하는 것이다. 이를 살펴보는 과정에서 의도적이든 자연적이든 불이 난 현상을 화재라고 부르도록 하겠다.

화재는 사냥과 채집 활동에 도움을 줄 수 있다. 불이 나면 덤불 속에 숨어 있는 동물들을 나오게 만들어 사냥을 쉽게 할 수 있고, 덤불이 타 버리면 보이지 않던 견과류나 과일을 쉽게 찾을 수 있고 시야도 넓어진다. 우연히 이러한 화재의 장점을 알게 되면서, 항상 불을 가지고 있던 이 시기의 인류는 의도적으로 화재를 일으켜서 사냥이나 채집에 활용하게 되었을 것이다. 화재는 보다 장기적인 관점에서 장점도 있었다. 화재가 나서 기존의 식물들이 타 버린 자리에는 콩과 식물이나 햇빛을 많이 받아야 하는 풀이 잘 자라게 되고, 그 덕분에 이런 것을 좋아하는 동물들이 몰려들어 사냥감은 늘어난다. 크로논(William Cronon)은 그의 저서에서 미국 대평원에서 살던 인디언들의 삶에 대해서 다음과 같은 결론을 내렸다.[Cronon, 1983, p. 51]

인디언들의 태우기는 영국 식민지 개척자들로서는 놀랄 정도로 신대륙에 널려 있던 동물들(엘크, 사슴, 비버, 토끼, 호저, 칠면조, 메추라기, 목도리 뇌조 등)의 증가를 촉진시켰다. 이들의 개체수가 증가하면 육식성 독수리, 매, 스라소니, 여우, 늑대들도 늘어난다. 간단히 말하자면, 수렵 생활을 했던 인디언들은 단지 '자연 그대로 주어진 보상'을 잡는 것이 아니라, 자신들이 의식적으로 계속 식량을 만들어 내면서 식량을 수확했다는 점이 중요한 것이다.

(Indian burning promoted the increase of exactly those species whose abundance so impressed English colonists: elk, deer, beaver, hare, porcupine, turkey, quail, ruffed grouse, and so on. When these populations increased, so did the carnivorous eagles, hawks, lynxes, foxes, and wolves. In short, Indians who hunted game animals were not just taking the 'unplanted bounties of nature'; in an important sense, they were harvesting a foodstuff which they had consciously been instrumental in creating.)

불을 주기적으로 지르게 되면서 나무가 잘 자라지 못하고 풀들이 많이 자라게 되는 것을 일종의 '경작'이라고 할 수도 있고, 이렇게 풀을 많이 자라게 해서 초식동물들을 유인하는 것을 일종의 '사육'이라고 볼 수도 있는데, 상당히 오래전부터 이 방식이 시작된 흔적이 있다. 하지만 우리가 땅을 개간하고 씨를 뿌려서 작물을 수확하는 것을 '농업'이라고 부른다면 농업이 시작하기까지는 더 오랜 시간이 필요했다.

이렇게 화재를 이용한 사냥과 채집에서 발전해서 '화전(火田)'이라고 하는 불을 사용하는 농업이 나타났다. 많은 연구자들은 대략 1만 년 전부터 메소포타미아 지역과 동아시아 지역에서 농업이 시작된 것으로 보고 있다. 즉, 점점 인구가 늘어나면서 기존의 수렵 채집 방식으로는 지속적인 식량 공급이 어려워진 상황을 타개하고자 농업이 시작되었다는 말이다. 그런데 곡물이 자라기 위해서는 토양이 비옥해야 하고 다른 식물이 없어야 했다. 다시 말하면 씨를 뿌리기 전에 우선 밭이 개간되어 있어야 했다.

대부분 지역에서 진행된 초기 농업은 불의 도움을 크게 받았다. 우선 숲을 개간해서 밭을 만드는 데 불의 도움이 절대적으로 필요했다. 구석기 시대에서 신석기 시대로 넘어가던 시기에 사용하던 도구들만으로 나무를 모두 벌목하고 땅을 갈아서 밭을 만드는 것은 실질적으로 불가능한 일이었다. 농사를 짓고자 하는 땅에 불을 붙여서 그곳의 나무와 풀을 다 태우는 것도 상당한 기술이 필요한 일이긴 했지만, 미흡한 도구로 그 땅을 개간하는 것에 비해서는 쉬운 일이었을 것이다. 화재는 개간 자체 외에도 잿더미를 남김으로써 토양에 무기물 등 식물의 생장에 필요한 영양분을 공급해 주는 역할도 했다. 그래서 화전을 연구한 많은 학자들이 화전은 불이 대부분의 일을 다 해 주기 때문에 이 시기의 인류는 노동은 많이 하지 않고도 상당한 수준의 영양 섭취를 할 수 있었다고 이야기한다. 경제학자인 보스럽(Ester Boserup)은 화전에 의한 농경을 그 이후의 경작 형태와 비교 분석해서 불이 대부분의 일을 하는 화전은 인력의 투입 시간당 생산성이 높은 농업 방법이라고 결론을 지었다.[Boserup, 1965, p.30]

그런데 이렇게 개간된 땅에서는 원하는 곡물뿐 아니라 잡초라고 부를 수 있는 다른 식물들도 잘 자라게 된다. 따라서 몇 번 수확이 반복되고 나면 곡물에게 필요한 영양소는 고갈되고, 시간이 갈수록 무성해지는 잡초들 때문에 곡물의 수확량이 줄어들게 된다. 이렇게 되면 그 땅을 버려두고 주변의 다른 땅을 다시 불로 개간해서 농사를 짓게 된다. 버려진 땅은 나무와 풀이 자라고 낙엽이 쌓이면서 지력을 회복해 간다. 새로 개간한 땅도 곡물의 성장이 한계에 도달하면 또 다른 곳을 개간한다. 이렇게 밭을 바꾸다 보면 시간이 지나 처음 경작했던 땅이 어느 정도 지력을 회복하게 되고, 그러면 다시 이곳을 개간해서 사용할 수 있다. 이런 식으로 땅을 번갈아 사용하면서 농사를 지을 수 있던 시기에 인류는 투입한 노동력에 비해 영양분을 충분히 섭취할 수 있었고, 이 시기를 회전농법의 황금시대라고 부르는 학자들도 많이 있다.

그렇지만 이 방식은 그 집단이 필요로 하는 토지의 몇 배를 확보하고 있어야 가능한 농법이다. 더구나 최초의 화전은 오랜 기간 만들어진 숲과 퇴적층을 희생해서 농경을 하지만, 다시 그 땅으로 돌아왔을 때는 상대적으로 짧은 기간에 생장한 초목이라 양이 적고 퇴적층도 깊지 않기 때문에 최초의 화전에 비해서 생산성이 떨어질 수밖에 없었다. 따라서 이러한 회전 농법의 황금시대가 지속되기 위해서는 일정 기간이 지난 후에는 새로운 숲으로 이동해야 했고, 이는 지속적인 숲의 파괴를 가져왔다. 이런 농법과 계속적인 인구 증가로 인류가 파괴하는 숲의 면적은 갈수록 늘어났다. 클라크(John Grahame Douglas Clark)는 화전 때문에 유럽 전체에 펼쳐져 있던 활엽수림이 8,000년 전에 소아시아 지역에서 시작해서 서쪽 방향으로 계속 없어졌다고 서술했다.[J. Goudsblom, 1992, p.50]

아무리 생산성이 높아도 숲을 계속 없애면서 진행해야 하는 화전은 결국 사용할 수 있는 토지의 한계 때문에 지속 가능하지 않았고, 인류는 같은 곳에서 농사를 계속 짓는 정착 농업을 시작하게 된다. 정착 농업은 화전과는 달리 한번 개간한 땅에 계속 농사를 지어야 했기 때문에 계속 영양분이 공급

될 수 있도록 토지에 거름을 주고 쟁기질을 하고, 필요한 물을 공급하는 관개시설이 있어야 했다. 이 과정에서 불은 수확이 끝난 후에 남은 부산물을 태우는 정도의 부수적인 역할을 하게 되었다. 하지만 새로운 땅을 개간할 때는 여전히 불이 큰 역할을 했을 것이다.

이처럼 정착 농업을 시작하면서 불의 사용 방법은 바뀌어 본격적으로 재료를 만들고 가공하여 도구를 만드는 데 참여하게 된다.

단위(unit)

이 책의 내용을 정량적으로 설명하기 위해서 뉴턴(N, Newton), 파스칼(Pa, Pascal), 줄(J, Joule), 와트(W, Watt), 칼로리(Calorie) 등을 사용하는 데 익숙하지 않은 독자들을 위해서 간단하게 설명하도록 하겠다.

❖ 기본 단위

위에서 나열한 단위들을 이해하기 위해서는 기본 단위(base units)를 먼저 알아야 한다. 기본 단위는 길이, 무게, 시간, 전류량, 온도, 광량, 물질량 등 7가지의 값을 정의하는 단위들을 의미한다. 이 중에서 이 책에서는 길이, 무게, 시간, 전류량, 그리고 온도 등 5가지에 대한 단위들이 사용된다. 19세기 전까지는 나라나 지역별로 이들에 대해서 각각 다른 값을 사용하고 있었는데 1830년경부터 하나씩 국제적으로 공통되는 표준 단위를 정하는 움직임이 시작되어 이제는 일부 국가를 제외하면 대부분의 국가에서는 표준 단위를 사용하고 있고, 표준 단위값을 갖는 표준 원기(international prototype)가 제작 또는 정의되어 있다.

이 책에서는 길이는 미터(m), 무게는 킬로그램(kg), 시간은 초(s), 온도는 섭씨온도(℃, 도)를 단위로 선택했다. 미터나 킬로그램 그리고 초는 처음에는 생활에서 만날 수 있는 값을 사용해서 정의되었다. 1미터는 지구 적도에서 북극까지의 길이의 1만분의 1이 되는 값으로 정의했다. 1킬로그램은 4℃에서 물 1리터의 무게로 정의했다. 그리고 1미터와 1킬로그램을 표시하는 막대와 저울추를 만들어서 표준 원기로 사용하기도 했다. 그리고 지구가 한 바퀴 자전하는 하루를 24시간, 1시간을 60분, 그리고 1분을 60초로 정의하면서 1초는 지구가 한 번 자전하는 시간의 1/86,400로 정의했다.

하지만 측정 방법이 정밀해지면서 이렇게 정의한 값들이 조건에 따라 달라지는 것을 알게 되자 정의가 몇 번 바뀌었고, 현재 이 값들은 일반인들이 쉽게 이해하기 어려운 입자의 파장이나 플랭크 상수 또는 광속을 사용해서 정의된 상황이다. 그러나 일상생활에서 이 값의 크기를 이해하기 위해서는 현재 과학자들이 사용하고 있는 정확한 정의가 아닌 처음 정의되었던 시점의 개념을 사용해도 큰 불편은 없다.

그리고 섭씨온도는 물의 어는 온도를 0도, 끓는 온도를 100도로 정하고 1도는 이 온도 차이의 1/100로 정의하였으며, 물체의 온도는 0도를 기준으로 100도와의 상대적인 값으로 결정한다.

이 4개의 단위 중에서 섭씨온도를 제외한 나머지는 국제 표준 단위(International System of Units)이다. 그리고 온도의 국제 표준 단위는 절대온도(Kelvin temperature)로, 과학 연구에서는 이 절대온도가 편하지만 우리 일상생활에서는 사용되지 않는다. 따라서 온도는 절대온도가 아닌 일반인들한테 익숙한 섭씨온도를 사용해서 표기하는 것으로 정했다. 절대온도는 단위는 사용하지 않고, 값은 섭씨온도보다 273.15만큼 크다.

❖ 힘의 단위, 압력 단위, 일 단위, 일률 단위, 열량 단위

이렇게 기본 단위가 결정되면 이 값을 이용해서 힘을 나타내는 단위인 뉴턴(N), 압력을 나타내는 단위인 파스칼(Pa), 일이나 에너지 그리고 열량을 나타낼 수 있는 단위인 줄(J), 일률을 나타내는 단위인 와트(W)를 정의할 수 있다.

뉴턴(N)은 힘의 단위이다. 물체에 힘을 주면 속도가 변화하게 되는데 이를 가속도라 부른다. 1N은 1kg의 물체에 초당 1m의 가속도를 만들어 내는 값으로 (무게)×(가속도)로 계산할 수 있다. 속도는 간 거리를 움직인 시간으로 나눈 값이라서 기본 단위로 m/s라고 쓰며, 가속도는 속도 차이를 시간으로 나눈 값이어서 m/s^2으로 쓴다. 지구 중력은 물체에 9.8 m/s^2의 가속도를 만들기 때문에 1kg의 물체에 중력이 작용하는 힘은 9.8N이다.

파스칼(Pa)은 압력의 단위이다. 압력은 힘이 어떤 면에 작용할 때 면이 받는 힘을 의미한다. 1Pa 은 1N의 힘이 $1m^2$ 의 면적에 작용할 때 얻어지는 압력이어서 1Pa =1 N/m^2이다.

줄(J)은 일의 단위이며, 그 일을 할 수 있는 에너지를 나타내는 단위이기도 하다. 힘을 작용해서 어떤 거리를 움직이면서 한 일은 힘과 거리를 곱하면 된다. 1J은 1N의 힘으로 1m를 움직였을 때의 일의 값 또는 그 일을 할 수 있는 에너지의 값으로 1J=1Nm이다. 그리고 책의 뒷부분에 설명이 나오겠지만 열과 운동과 연결되면서 열이 일을 할 수 있는 에너지로 사용될 수 있게 되면 J을 열량 단위로도 사용할 수 있다. J로 열량을 표시할 때의 값은 아래 칼로리를 설명하는 부분에서 다시 설명하겠다.

와트(W)는 일을 시간으로 나눈 값으로 일률이라고 부른다. 따라서 1W =1J/s이다. 그런데 전기가 흐를 때 전압(V)과 전류(A)을 곱한 값(V×A)을 전력량이라 부르며, 그 값이 W와 같다. 다시 말하면 1.5V로 0.5A의 전류가 흐르면 전력량이 0.75W이며 이 값은 0.75J/s이다.

와트시(Wh)는 전기가 한 일 또는 전기가 가지는 에너지를 표시하기 위해서 사용하는 것으로 전류가 한 시간 동안 흘렀을 때 할 수 있는 일을 나타낸다. 한 시간은 3,600초이므로 1Wh는 1J/s×3,600s =3,600J이다.

칼로리(cal)는 열량의 단위이다. 앞에서 J이 열량 단위로 사용될 수 있다고 했지만 이는 나중에 만들어진 개념이고, 칼로리는 열과 운동의 직접적인 관련을 모르던 시대에 열량을 표시하기 위해 만들어진 단위이다. 1cal는 대략 물 1g을 1도 올리는 데 필요한 열량이다. 여기서 대략이라고 표현한 것은 물의 온도를 1도 올릴 때 들어가는 열량이 온도에 따라서 아주 조금씩 달라지기 때문이다. 1cal는 4.2J 정도 된다. 과거에는 열량의 단위로 칼로리를 많이 사용했지만 이제는 줄을 사용하는 것이 국제 표준이 되었다. 다만, 인체가 사용하는 열량을 표시할 때는 아직 칼로리 단위를 사용하는데 식생활에 사용되는 칼로리는 앞에서 이야기한 칼로리의 천 배에 해당하는 값으로, 정확하게는 킬로칼로리이지만 영어로 kcal와 같은 의미로 Cal이라는 단위가 있기 때문에 그냥 칼로리라고 쓰는 상황이 많다. 따라서 우리말로 '칼로리'라고 했을 때 값이 1,000배 차이가 날 수 있기 때문에 둘 중에 어떤 값을 의미하는지는 내용을 보고 적절하게 판단해야 한다. 참고로 Cal이 cal보다 먼저 사용되기 시작된 단위이기도 하다. 그리고 큰 에너지 값을 정의하는 TOE라는 단위가 있는데 이에 대해서는 이 단위를 처음 사용할 때 설명하도록 하겠다.

❖ 단위와 숫자 표기

그리고 이 책에서는 인류 전체의 재료나 에너지 사용량 또는 재료의 강도 등 아주 큰 값을 사용한다. 큰 숫자를 그대로 사용하는 것은 불편한 점들이 있다. 예를 들어서 천만 파스칼을 쓰고 싶을 때 10,000,000Pa로 쓰거나 10^7Pa로 써야 하는데 불편한 점이 있다. 큰 숫자를 표현하기 위해서 동양에서는 만(10^4), 억(10^8), 조(10^{12}) 등 네 자리마다 구분되는 단어를 썼다. 서양에서는 킬로(k, 10^3, 천), 메가(M, 10^6, 백만), 기가 (G, 10^9, 십억), 테라(T, 10^{12}, 조) 등 세 자리마다 다른 기호를 단위 앞에 붙여서 표기한다. 예를 들어서 천만 파스칼은 10MPa이라고 쓰면 된다. 두 가지 방법 중에서 이 책에서는 영어 표현 방법을 채택하였다. 이는 대상이 되는 단위의 표기가 이미 영어의 약어인 Pa, J, Wh, cal 등이어서 영어 접두어를 사용하는 것이 간단한 편이고 학문 분야에서나 국제 거래 등에 많이 사용되기 때문이다.

2

화로에 담긴 불과 재료의 발전

화로로 옮겨진 불

　새로운 숲이 부족한 까닭에 인류가 정착농업으로 전환하면서 불의 역할도 변화하게 된다. 화전이 끝나면서 농경에서 불의 중요성은 줄어들었지만, 그래도 조리, 난방, 그리고 조명으로서의 역할은 필요했기 때문에 사람들은 불을 계속 유지했다. 그런데 모닥불 형태의 불을 유지하기 위해서는 나무가 많이 필요했다. 과거에는 주변에 숲이 많아 연료 공급에 큰 문제가 없었지만, 정착이 시작되면서 주변에 숲이 많이 줄어들어 먼 곳까지 가서 나무를 구하다 보니 점점 나무 공급이 어려워졌다. 나무 외에 다른 연료를 찾는 노력도 진행되었지만 나무를 대체할 수는 없었고, 연료 소비를 줄이는 방향으로의 변화가 필요했다.

　불은 연료와 산소가 같이 필요하기 때문에 불이 타는 속도, 다시 말하면 연료의 소비 속도는 산소를 포함한 공기의 공급 속도와 비례한다. 모닥불은 사방이 열려 있기 때문에 공기가 불에 접촉하는 면이 넓어 연소가 잘 된다.

따라서 불 주위를 벽으로 감싸서 연료와 공기와의 접촉면을 줄이고 공기가 들어갈 수 있는 출입구를 만들어 공기의 흐름을 통제하면, 연료의 소비량을 줄이고 불의 크기를 통제할 수 있게 된다. 사람들은 바닥이 꺼진 곳이나 벽에 붙어 있는 곳에서 불을 피워 본 경험들이 축적되면서 주위에 벽이 있으면 연료 소비가 줄어든다는 것을 알게 되었을 것이다.

그런 경험을 바탕으로 어느 시점부터는 돌이나 흙으로 둘러싸고 그 안에 불을 피우게 된다. 처음에는 다양한 돌과 모래를 사용해서 벽을 만들었겠지만, 경험이 쌓이면서 진흙으로 둘러싸는 것이 가장 효과적이라는 것을 알게 되었고 이러한 과정을 통해서 인류가 사용하는 불은 주위가 개방되어 있는 모닥불에서 주변이 닫혀 있는 불로 변화된다. 진흙을 쌓아 벽을 만들고 그 안에서 불을 피우면 시간이 지나면서 불 주변의 벽이 단단해진다. 특히 진흙에 점토가 많이 포함되었을 때에는 벽이 상당히 튼튼하고 치밀하게 바뀌어 불을 담을 수 있는 화로가 만들어진다. 이런 과정을 거쳐 인류가 사용하는 불은 주위가 개방된 '모닥불'에서 '화로에 담긴 불'로 변화하게 된다.

불이 화로에 담기면서 불의 크기를 조절하는 것이 가능해졌고, 불이 번지거나 화상을 입을 위험도 줄어들었다. 이러한 장점들 덕분에 불 사용 방법이 다양해지게 된다. 우선 실내에서 불을 사용하는 것이 가능해졌다. 불 사용 초기에는 사람들은 동굴에 거주했지만 점차 숫자가 늘어나면서 동굴이 모자라기 시작했고, 동굴을 대신할 집을 지어서 살기 시작했다. 집을 짓는 재료에 나무나 풀과 같은 가연성 물질이 들어갔고, 집 안에도 가연성 물질들이 있었기 때문에 불이 번지기 쉬운 모닥불은 실내에서 사용할 수 없었지만 화로에 담기면서 실내에서 불을 사용할 수 있게 된 것이다. 이 시기에도 불의 중요한 용도는 조리, 난방, 조명 등 모닥불 시대와 유사했지만, 각 용도에 맞는 화로를 만들어서 불을 효과적으로 사용하게 되었다. 즉 모닥불 시대 중앙에 집중되어 있던 불이 각 가정으로, 그리고 가정에서도 여러 종류의 불로 분산되었다.

그리고 이러한 변화와 더불어 화로를 사용하면서 문명 발전의 큰 계기가 되는 세 개의 중요한 혁신이 일어나게 된다.

하나는 점토로 빚은 화로가 불에 구워지면 단단해지는 현상을 발견한 것이 토기를 제작하는 것으로 이어진다. 물론 불을 둘러싼 점토가 굳는, 어떻게 보면 단순한 현상에서 일상생활에 사용할 수 있는 토기를 제작하는 과정에 이르기까지 극복해야 하는 기술적인 문제들이 많았겠지만, 인류는 이러한 문제를 해결하면서 토기를 만들어 낼 수 있었다. 토기의 제작은 인류의 생활을 크게 변화시켰다. 물, 곡물이나 식료품을 안전하게 오래 보관할 수 있게 되었고, 용기에 담아서 음식을 조리할 수 있게 되었다. 신석기 시대를 구석기 시대와 구별하는 상징 도구 중의 하나인 토기는 이렇게 모닥불이 화로에 담긴 불로 전환되면서 만들어지게 되었다.

두 번째는 나무가 탄소로 바뀌는 탄화 과정을 통해서 목탄[1]을 만들 수 있게 된 것이다. 탄화 과정이란 나무가 산소 공급이 충분하지 않은 상태에서 타게 되면 휘발 성분들만 연소가 되고, 나무에 많이 포함되어 있던 수분들

---

1 목탄은 무게당 발열량이 커서 높은 온도를 얻을 수 있고, 연소 시에 유해 성분이 생기지 않기 때문에 아직도 많이 사용되고 있다. 목탄보다 숯이라는 단어가 독자들은 익숙할 것으로 생각되지만 이 책에서는 목탄이라고 쓰도록 하겠다. 왜냐하면 일반적으로 숯은 탄화가 잘 일어난, 즉 좋은 품질의 목탄이라는 느낌이 강하다. 그런데 목탄은 처음 만들기 시작한 시점에서 시간에 따라 탄화 정도가 높아지면서 사용되었기 때문에 숯보다는 목탄으로 표기하는 편이 의미 전달에 오해가 없을 것 같다.

도 증발해 버리면서 탄소 성분만 남은 목탄이 된다. 목탄은 처음부터 의도적으로 만든 것은 아니었고 모닥불을 피우기 위해 사용된 나무 중에서 공기가 잘 통하지 않는 부분에 있던 것들이 부분적으로 탄화되어 남은 것이 그 시작이었을 것이다. 기원전 30000년으로 추산되는 스페인 알타미라 동굴의 벽화가 목탄으로 그려져 있는 것을 보면[Howell, 2005, p. 75] 아주 오래전부터 인류는 목탄을 사용했던 것으로 추정된다.

세 번째는 불이 화로에 담기게 되면서 불로 작업할 수 있는 온도(이하, 불의 온도라고 씀)[2]를 높일 수 있게 되고, 불의 온도를 제어하는 것이 시작되었다는 것이다. 이 변화는 이후에 재료의 발전에 직접 연결되어, 인류 문명의 발전과 변화를 이끌어 내게 된다. 그렇다면 사람들은 불의 온도를 어떻게 높여 갔을까?

불의 온도

서론에서 이야기했지만 유기물이 연소될 때는 많은 열이 발생하고, 그 열이 모두 반응 생성물인 이산화탄소나 수증기의 온도를 올리는 것에만 쓰인다면 불꽃의 온도는 수천 도까지 올라갈 수 있다. 그런데 몇 가지 이유 때문

---

2 불로 작업할 수 있는 온도는 불꽃의 온도가 아니고 불을 가지고 어떤 작업을 할 때 작업 대상에 가해지는 온도를 의미한다. 예를 들어서 불에 그릇을 놓고 음식을 가공한다면 그릇 속의 음식이 받는 온도이며, 도자기를 만든다면 도자기가 놓여 있는 공간의 온도를 의미한다. 따라서 불의 온도는 불꽃의 온도보다 낮다. 그리고 우리가 관심을 가지는 온도는 불꽃의 온도가 아닌 불로 작업할 수 있는 온도이기 때문에, 이 책에서 사용하는 '불의 온도'의 의미는 불을 가지고 작업할 때 작업 대상에 가할 수 있는 온도이다. 그리고 불 자체의 온도는 '불꽃의 온도'라고 표현하도록 하겠다.

에 불꽃의 온도는 아주 높게 올라가지는 않는다. 첫 번째 이유는 열이 반응 생성물뿐 아니라 산소와 같이 존재하는 공기 중의 질소도 가열해야 한다. 공기 중에 질소가 산소의 4배 가까이 들어 있고, 산화 반응의 결과 소비되는 산소와 같은 양(탄소 연소 시) 또는 2배(수소 연소 시)의 기체가 생기기 때문에 반응 후 기체 속에는 질소가 더 많이 포함되어 있다. 따라서 같은 에너지로 더 많은 기체 온도를 올려야 하기 때문에 올라갈 수 있는 온도가 1500도 정도로 낮아진다. 두 번째 이유는 연료 안에 들어 있는 수분(물 성분)이다. 모든 연료는 내부에 수분을 가지고 있거나(나무), 젖거나 수증기가 흡착되는 형태로 표면에 수분을 가지고 있다. 이렇게 수분이 존재하면 연소열의 일부는 이를 증발시켜 수증기로 만들고, 다시 수증기의 온도를 올리기 위해서 쓰여야 한다. 나무는 수분을 많이 포함하고 있기 때문에 이 영향이 크고 다른 연료는 비에 젖었을 때 일정 부분 영향을 받는다.

그리고 주위보다 높은 온도의 물체라면 반드시 외부로 빠져나가는 열 손실이 있기 때문에 불의 온도는 더 낮아진다. 온도 차이가 있으면 항상 열이 높은 곳에서 낮은 곳으로 흘러가는 현상을 피할 수 없으며 이를 열전달이라고 부른다. 열전달은 전도, 대류, 복사[3]라는 세 가지 방법으로 일어난다. 모

3 이 세 가지 열전달 방법은 서로 아주 다른 원리로 일어난다. 전도(conduction)는 온도 차이가 있는 두 지점 사이에 있는 물체를 구성하는 입자(분자, 원자, 전자)의 무작위 운동의 결과로 일어난다. 두 지점 사이가 진공으로 되어 있지 않다면 항상 일어난다. 다만 전도하는 능력은 차이가 커서 금속이 열을 잘 전도하며 세라믹이나 공기는 열을 잘 전달하지 않는다. 대류(convection)에 의한 열전달은 두 지점 사이를 유체(기체 또는 액체)가 채우고 있을 때 유체의 흐름 때문에 열이 전달되는 현상이다. 이 전달은 유체의 속도에 비례해서 열이 전달되는 데 온도가 높은 유체 덩어리가 직접 낮은 곳으로 이동하기 때문에 열의 전달되는 양이 전도에 비해서 매우 크다. 다만, 두 지점 사이에 고체가 있을 때에는 대류에 의한 전달은 없다. 그리고 복사(radiant)에 의한 열전달은 이 두 개와 전달 방법이 다르다. 양자역학에 따르면 모든 물체는 온도에 따른 복사에너지를 전자기파로 내보낸다. 우리가 태양

닥불같이 주위가 열려 있는 불은 대류와 복사를 통해서 많은 열이 빠져나가기 때문에 높은 온도를 얻을 수 없다. 그 대신 불을 도가니에 넣고 사용하게 되면 외부로 빠져나가는 열을 크게 줄일 수 있다. 우선 도가니 벽 때문에 외부와 직접적인 기체 이동이 차단되면서 대류에 의한 열 손실이 없어지고, 불에서 나가는 복사에너지는 도가니를 통과하지 못하며, 많은 복사에너지가 도가니 벽에서 반사하여 다시 불로 돌아오기 때문에 복사에 의한 열 손실도 크게 감소한다. 다만 이렇게 대류와 복사에 의한 열 손실이 줄어들어도, 도가니 벽을 통한 전도에 의한 열 손실은 남아 있다. 하지만 이 값은 대류나 복사에 의한 열 전달 값보다 작아서 전체적인 열 손실을 크게 줄일 수 있다.

화로를 사용할 때 온도는 연료의 종류, 벽의 단열 효과 정도, 그리고 바람을 불어 넣는 속도에 의해서 정해진다. 모닥불에서 얻을 수 있는 온도는 그렇게 높지 않아서 조리나 난방에 이용하기 불편하지 않은 정도이다. 모닥불의 극한 상태라고 볼 수 있는 큰 산불이 났을 때 불꽃의 온도는 1000도를 넘어가는데, 이 산불이 주위의 온도를 올리면 대략 800도의 작업 온도를 낼 수 있다.

화로를 만들어 사용하면서 인류는 불의 온도를 올릴 수 있게 되었다. 불의 온도를 올리기 위해서는 화로를 잘 만들고, 연료를 개선하며, 공기를 불어

빛을 받아서 살 수 있는 이유는 태양이 내보내는 복사에너지를 가진 전자기파가 먼 거리를 달려서 지구에 도달하기 때문이다. 마주보고 있는 두 물체는 서로 복사에너지를 주고받는데 내보내는 에너지 값이 자신의 온도의 4제곱(T^4)에 비례하기 때문에 복사 열전달도 다른 전달 방법과 마찬가지로 높은 온도의 물체에서 낮은 온도의 물체로 열이 전달된다. 다만 다른 열전달은 온도에 비례해서 열전달이 증가하지만, 복사열전달은 4제곱에 비례하기 때문에 온도가 높아질수록 복사 열전달에 의한 열손실은 급격하게 커진다.

넣는 방법을 개선해야 한다. 인류가 불의 온도를 높여 가는 과정을 추론해 보면 먼저 화로를 잘 만들어 불을 효과적으로 이용하고, 외부로의 열 손실을 줄이는 방법으로 온도를 올렸을 것이다. 그리고 화력이 강한 목재를 찾아내고 목재를 잘 건조해서 산불의 온도인 800도 또는 그 이상의 온도를 얻었고, 화로에 공기를 불어 넣는 방법을 개선해서 1000도까지 온도를 올릴 수 있었을 것이다. 이 온도는 나무를 연료로 사용해서 얻을 수 있는 한계온도로 생각되며, 그 후 연료가 나무에서 목탄으로 바뀌면서 더 높은 온도를 얻게 되는데 좋은 품질의 목탄과 개선된 송풍 장치를 사용하여 온도를 1300도 이상으로 올릴 수 있게 된 것이다. 이 온도값들은 모두 도자기 및 금속을 만들고 사용하는 데 중요한 의미가 있는 온도이다.

도자기와 불

도자기의 발전은 불의 온도가 높아지는 것과 깊이 연관되어 있다. 새로운 발굴에 의해서 시점이 더 앞당겨질 수도 있겠지만 현재까지의 발굴에 의하면 인류가 흙을 구워서 그릇을 만들기 시작한 것은 대략 16,000년 전으로 추정된다.

이야기를 전개하기 전에 먼저 용어 정리를 하자. 한국이나 일본에서는 초기에 만들어진 것을 토기(土器)라 부르고 이후의 수준이 높아진 것을 도기(陶器)라고 부른다. 또한 10세기경 만들어지기 시작해서 극동아시아 지역에서 크게 발전한 자기(瓷器)가 있는데 자기가 만들어지는 과정은 도기와 다르다. 도자기라는 말은 도기와 자기를 합쳐서 부르는 용어이다. 하지만 유럽 지역에서는 흙을 구워서 만든 제품들은 모두 (영어 기준으로) earthenware 라고 불렀다. 그리고 pot(항아리)을 만드는 사람을 potter라 부르던 17세기에 potter들이 만드는 물건들을 pottery라고 통칭하고 명명하기 시작하면서 earthenware라는 단어를 대체하게 되었다. 그래서 유럽의 박물관을 가보면 대체로 토기와 도기의 구분은 없고 모두 pottery라고 표시되어 있다. 그리고 자기는 명칭을 porcelain 또는 china라고 한다. 자기를 china라고 부르는 이유는 과거에 유럽에서는 자기를 만들지 못했고 중국에서 수입해서 사용했기 때문이다. 재료학적인 면에서 볼 때 토기와 도기는 경계가 명확하지 않고 만들어지는 과정도 크게 다르지 않고, 품질이 다른 정도이기 때문에 이 책에서는 토기와 도기를 구분하지 않고 도기라고 부르도록 하겠다.

도기를 만들기 위해서는 먼저 젖은 흙을 빚어서 원하는 모양의 그릇 모양을 만든다. 수분은 흙의 표면과 잘 흡착되는 성질이 있기 때문에 흙 입자 사이에 들어가서 서로 양쪽으로 당겨주게 된다. 그래서 (약한 힘이긴 하지만) 입자들 사이의 접착제 역할을 할 수 있다. 이 때문에 젖은 흙으로 만든 그릇이 빚어진 모양을 유지할 수 있다.

다음에 이 그릇을 건조시킨다. 건조시키는 이유는 가열 과정에서 수분이 급격하게 증기화해서 빠져나와서 그릇에 흠집이 생기거나 깨지는 것을 방지하기 위함이다. 건조를 시키더라도 입자들 사이에서 접착제 역할을 하는 소량의 수분은 남아 있어서 형상은 유지된다. 건조된 그릇은 입자들이 쌓인 것이라 내부에 기공(pore)이라 불리는 빈 공간들이 상당히 많다.

이 건조된 그릇을 가마에 넣고 높은 온도에 오래 두면 뭉쳐진 알갱이들이 서로 합쳐지면서 기공이 줄어들어 단단하게 변화한다. 이 과정을 소결(sintering)이라고 한다. 소결은 적절하게 높은 온도에서 알갱이들이 뭉쳐서 덩어리가 되는 과정으로 도자기 제작에서 가장 중요한 기술이며 소결에 대한 조금 더 자세한 설명이 부록에 있으니 참고하기 바란다. 제작 방법에 따라서 소결을 한 번만 할 수도 있고 두세 번 나누어 진행하기도 한다. 마지막 소결 전에 장식을 위해서 무늬를 새기거나 유약을 바르기도 한다.

도기 제작의 마지막 단계는 높은 온도로 가열한 그릇을 깨지지 않게 잘 냉각시키는 것이다. 냉각 과정에서 그릇의 안쪽과 바깥쪽 또는 아래와 위에 온도 차이가 나면서 미세한 크기 차이가 생기고 이 때문에 내부에 응력이 발생한다. 온도 차이가 크게 나면 힘이 커서 깨질 수 있기 때문에 냉각도 주의 깊게 해야 한다.

도기 제작 과정에서 불의 온도를 최소한 600도까지는 높일 수 있어야만 소결이 일어나 도기가 만들어진다. 따라서 도기 유물은 이것을 만든 사람들이 불의 온도를 이 정도까지 높일 수 있는 기술을 가졌었다는 증거가 된다. 600도는 도기가 만들어질 수 있는 최저 온도이며, 온도가 높을수록 품질이 좋은 도기를 만들 수 있다. 그리고 불의 온도가 1100도를 넘게 되면 액상 확산을 통한 소결도 같이 진행되기 때문에 한 차원 더 높은 수준의 도기를 만들 수 있다.

자기는 원료도 다르고 많은 양의 재료가 녹는 액상화 과정이 포함되기 때문에 1400도를 넘는 불의 온도와 적절한 재료를 사용해야 만들 수 있다. 이 온도는 최고 수준의 목탄 사용과 우수한 불 관리 기술이 있어야 얻을 수 있는 온도이다. 동아시아에서는 고령토(kaoline)라는 적절한 재료의 확보와 불 기술을 활용해서 자기를 만들 수 있었으나 유럽을 포함한 다른 지역에서는 독자적으로 자기를 만들지 못하고 동아시아에서 수입해서 사용한 것을 보면, 이 시기까지 동양의 불 다루는 기술이 서양보다 앞서 있었다는 것을 알 수 있다.

19세기까지 수많은 도자기가 만들어졌지만, 도자기가 만들어지는 원리에 대해서는 알지 못하였다. 도자기가 만들어지는 과정과 같이 알갱이가 녹지 않고 뭉쳐지는 원리를 이해하고 '소결'이라는 용어를 사용하기 시작한 것은 1910년부터이다. 그 이후 소결 기술은 급격하게 발전하면서 대부분의 세라믹 성형에 사용되고 있고, 금속 가공에도 많이 사용되고 있으며, 특히 녹는 온도가 너무 높아서 다루기 힘든 텅스텐과 같은 금속 성형 등 현대 산업 발전에 반드시 필요한 중요한 기술로 자리 잡고 있다.

도기 제작 기술의 발전에 큰 도움을 받은 분야가 더 있다. 보통 도기라고 하면 우리가 사용하는 그릇이나 예술작품들을 떠올리겠지만 그 외에도 문명의 발전에 많은 영향을 끼친 제품들이 있다. 하나는 벽돌이다. 인류는 벽돌을 만들어 냄으로써 돌이나 나무에 한정되어 있던 건축 재료의 지평을 넓혀서 인류의 주거 생활 개선에 크게 기여했다. 그리고 뒤에 다루게 될 금속을 만드는 과정에서 고온의 금속 액체나 고체를 담아두고 다양한 처리를 하는 제련로(smelting furnace)와 도가니(crucible)를 들 수 있다. 제련로는 광석을 녹여 금속을 만들거나 처리할 때 일어나는 화학 반응과 높은 온도를 견딜 수 있는 가마이고, 도가니는 고온의 금속을 담아두는 일종의 그릇이다. 이러한 제련로나 도가니를 만드는 기술도 도기를 만드는 기술과 동일하다. 우리가 일상생활에서 사용하는 도기는 낮은 온도에서 사용되지만, 이 두 개의 용기는 장시간 높은 온도에서 사용되면서도 손상되지 않는 내구성이 요구되기 때문에 기술적으로 더 어렵다. 실제로 특정 금속을 담을 수 있는 도가니가 개발되지 않으면 그 금속을 가공하거나 만들 수 없었다. 그래서 도기를 만드는 기술이 어느 정도 수준에 도달한 이후에야 높은 온도에서 금속을 가공하거나 만드는 일이 시작될 수 있었다.

금속 사용과 불

오늘날 인류는 많은 양의 금속을 사용하고 있고, 금속 재료를 사용하지 않는 생활은 상상할 수 없다. 사용하고 있는 금속의 종류도 다양하다. 그러나 인류 역사 전체를 보면 금속을 사용한 기간이 길지 않다. 가장 먼저 사용되었다고 알려진 금이 대략 기원전 5000년부터 사용되기 시작했다고 알려져 있으니 금속을 사용한 기간은 7,000년 정도 된다. 긴 인류 역사에서 지금까지 살펴본 불이나 도기에 비해서도 아주 짧다. 그리고 과거에는 사용하는 금속의 종류도 많지 않았다. 기원전에 인류가 사용했던 금속은 7개[4]로 알려

---

4 기원전에 사용했던 금속이 7개라고 하는 것은 메소포타미아와 유럽 지역 중심으로 고고학 연구가 많이 진행되었기 때문에 얻은 결론일 수 있다. 17세기 유럽의 문헌을 보면 이 7개에 비소, 안티몬, 비스무스, 아연, 백금 등 5개의 금속이 더해져서 총 12개의 금속이 사용되었다고 기술되어 있다. 이 중에서 비소, 안티몬, 그리고 비스무스는 9~10세기에 유행했던 연금술의 영향으로 발견된 것으로 생각된다. 그러나 아연과 백금은 15~16세기에 각각 동양과 남미에서 금속 형태로 전해진 것이기 때문에 유럽에서는 새로운 금속이지만 동양이나 남미에서 언제 사용을 시작했는지 명확하지 않다. 백금은 원래 남아메리카 지역에서 자연에 존재하던 것을 채집해서 사용하고 있었는데, 16세기 이후 유럽인들이 가져와서 기존의 것들과 다른 금속임을 알게 되어 기록에 남게 되었다. 따라서 남미 지역의 고고학 연구가 더 진행되면 기원전에도 사용된 증거를 찾을 수도 있다. 그리고 아연은 중국이나 아시아 지역 청동기 시대 합금의 재료로 포함되어 있기도 하고, 아연 함유량이 높은 유물들도 나오기 때문에 동양에서 기원전부터 만들어져서 사용되었을 가능성이 높다고 생각되며, 이 역시 앞으로 아시아 지역의 고고학 연구가 더 진행된다면 기원전부터 사용되었다는 증거들이 나올

져 있다.

금속의 사용을 시작한 시기와 만들어지기 시작한 시기에는 차이가 있다. 실제로 청동기 시대 훨씬 이전에 구리를 사용한 것으로 추정되는 유물이 나오거나 철을 사용한 제품이 철기 시대보다 훨씬 앞선 기원전 3000년의 유적에서 나오기도 하기 때문에 고고학자들에게 혼란을 주고, 청동기 시대나 철기 시대의 구분에 대한 논란이 계속되고 있기도 하다. 이러한 문제가 생기는 이유는 인류가 의도적으로 특정 금속을 만들기 전에 해당 금속이 자연계에 금속 상태로 존재하는 경우가 있었기 때문이다.

그래서 금속을 사용하기 시작한 것과 만들기 시작한 것을 구별해야 한다. 하지만 만들기 시작한 시점도 정의하기가 쉽지 않다. 그 당시 만들어진 금속이 나왔다고 하더라도 우연히, 또는 다른 작업의 부산물로 만들어질 수 있기 때문이다. 이 책에서는 어떤 금속이 만들어지기 시작한 시점은 해당 금속을 만들려는 의도를 가지고 작업을 했고, 그 금속을 안정적으로 만들 수 있는 기술을 사용한 시기로 정하려고 노력했다.

금속을 사용하기 시작한 시점[5]을 오래된 순서로 나열하면 금, 구리, 납, 은, 주석, 철, 그리고 수은인데 만들어진 시기도 이 순서일 것으로 예상되고 있다. 그런데 이 중에서 구리, 납, 은 세 가지는 큰 차이가 나지 않아서 연구자들에 따라서 순서가 달라지기도 한다. 이런 부분은 사용하기와 만들기의 시기 차이 때문에 생기는 문제이기도 하지만, 실제로 큰 차이가 나지 않을 가능성도 매우 높다. 초기 청동기에 주석이 어느 정도 들어 있었기 때문

가능성이 높다.

5 해당 금속이 유물 중에 포함되어 있다는 유적이 만들어진 시점.

에 주석의 사용이나 제조도 구리와 비슷하게 시작되었다는 주장도 있다. 그러나 초기 청동기 시기에 포함된 주석은 농도가 낮고 지역에 따른 편차가 커서 광물에서 자연적으로 섞여 들어간 것으로 보는 것이 타당할 것으로 판단된다. 그리고 청동기 시대가 시작되고 1,000년 정도 지난, 주석의 함유량이 높아지는 시기에 주석의 의도적인 제조가 시작되었을 것으로 보인다. 철은 철기 시대의 시작으로 알려진 기원전 1500년보다 100~200년 정도 전부터 만들어지기 시작했으며, 수은은 기원전 750년경에 사용했던 기록이 있다.

지금까지 확인된 원소[6]의 종류가 118개이고 그중에 금속이 92가지나 되는 것을 생각할 때 17세기까지 사용한 금속이 12가지밖에 되지 않았다는 것은 인류가 사용했던 금속의 종류가 아주 적었다는 의미이다. 이렇게 인류가 금속을 늦게, 그리고 아주 제한적으로 적은 종류의 금속만을 사용할 수밖에 없었던 이유는 크게 두 가지를 생각할 수 있다. 하나는 금속은 만들고 가공해야만 사용할 수 있기 때문이다. 원자 번호가 우라늄보다 낮은 금속 원소들은 자연계에 존재하고 있긴 하지만, 대부분 산소 또는 황과 결합한 산화물이나 황화물로 구성된 광물 속에 들어 있다. 따라서 금속을 얻기 위해서는 광물에서 산소나 황을 떼어 내는 어려운 과정을 거쳐서 만들어야 한다. 또 자연에 존재하는 금속을 얻었다고 하더라도 이를 사용하기 위해서는 가

---

6 118개의 원소가 모두 자연에 존재하는 것은 아니다. 무거운 원소는 불안정해서 빠른 시간 안에 핵분열이 일어나기 때문에 자연에서 발견되는 원소 중에 가장 무거운 것은 원자번호 92인 우라늄이다. 우라늄보다 원자 번호가 작은 원소 중에서도 4개는 자연계에서 발견되지 않았다. 이 4개의 원소와 우라늄보다 원자번호가 큰 원소들은 핵 반응 과정에서 얻어지거나 가속기 속에서 인공적인 핵반응으로 합성한 것이다. 가속기에서 합성한 원소들은 생성 후에 아주 짧은 시간 만에 바로 분열하기 때문에 존재 여부를 확인하기 쉽지 않다. 119번 이후의 원소들을 합성하는 실험이 다양하게 진행되고 있기 때문에 앞으로 원소의 개수는 더 늘어날 것이다.

공을 해야 하는 어려운 과정이 필요하다. 다른 이유는 금속을 만들 수 있는 광석[7]이 겉보기에는 다른 돌과 차이가 크지 않아 구별이 어렵고, 광석이 모여 있는 광산이 많지 않아서 찾기가 쉽지 않았다는 것이다.

금속 만들기

금속을 만들기 위해서는 산화물에서 금속 성분을 분리해 내면 된다. 이 화학 반응은 산화의 반대 과정으로 환원 반응이라고 부른다. 예를 들어서 철 광석의 하나인 마그네타이트에서 철을 만드는 반응을 생각해 보자. 마그네타이트라고 하는 광석은 철(Fe) 원자 3개에 산소(O) 원자 4개가 결합한 Fe_3O_4 형태로 존재한다. 이 광석에서 철을 만드는 환원 반응은 아래와 같다.

$$Fe_3O_4 \rightarrow 3Fe + 2O_2$$

이러한 환원 과정을 통해서 어떻게 철이 만들어지는가를 보기 전에 광석인 산화물에 대해서 간단히 이야기해 보자.

빅뱅이론에 의하면 대폭발 초기에 원소가 만들어졌고 이들이 뭉치면서 우

---

7 자원 전문가들은 광석(ore)과 광물(mineral)을 구별한다. 광물은 얻고자 하는 금속 성분만을 가지고 있는 것을 의미하고 광석은 원하는 광물과 함께 다른 성분들도 함께 가지고 있는 것을 의미한다. 따라서 자연에 존재하는 그대로의 자원은 광석이고 이 광석에서 원하는 성분을 갖는 물질만을 분리해 내면 광물이 된다. 하지만 일반인들에게는 광물이라는 단어는 크게 익숙하지 않고 광물에 해당하는 것도 광석이라고 쓰는 일이 많기 때문에 이 책에서도 둘을 구별하지 않고 광석이라고 썼다. 광산은 이런 광석이 모여 있는 곳이다.

주의 별이나 행성 등을 만들었다. 따라서 원소인 금속과 산소의 화합물인 산화물은 금속 원소와 산소 사이에서 언젠가 일어난 산화 반응의 결과이다. 지구에서 발견되는 마그네타이트 역시 철과 산소가 어느 시점(아마도 지구가 형성되던 초기)에 산화 반응($3Fe+2O_2 \rightarrow Fe_3O_4$)을 일으킨 결과 만들어진 것이다. 어떤 물질이 산화 반응을 일으키는 것을 연소, 즉 불이라 부르기 때문에 산화철은 철에 불이 붙으면서 만들어진 것이다. 지구의 껍질에 해당하는 표면 부분(지각, crust)[8]을 구성하는 성분들을 분석해 보면 지각은 많은 금속이 산화해서 만들어진 물질로 구성되어 있다. 클라크(Frank Wigglesworth Clarke)는 지각을 구성하는 원소들의 양을 추정해서 〈표 1〉과 같이 제시했다.

이 표를 보면 산소가 거의 절반을 차지하는 것을 알 수 있다. 그 이유는 지각을 구성하는 금속들은 산소와 결합된 금속산화물로 존재하기 때문이다. 산소 다음으로는 실리콘의 양이 매우 많고 알루미늄, 철, 나트륨, 칼륨, 마그네슘 순서로 많은 것을 알 수 있다. 즉 지구가 형성되는 초기에 엄청난 산화 반응이 일어나 위에 보이는 많은 금속들이 산화함으로써 산화물이 만들어졌고, 이 산화물들이 지각을 형성한 것이다.[9] 따라서 이론적으로는 바위

---

8 지구는 안쪽부터 핵, 맨틀, 지각, 물, 대기로 구성되어 있다. 지구의 핵은 고체 상태인 내핵과 액체 상태인 외핵으로 나뉘는데 금속 원소로 구성되어 있고 성분은 90%가 철, 니켈이 8.5%, 코발트가 0.9%이며, 나머지는 다른 금속들이다. 맨틀은 액체 상태인데 주로 금속의 산화물, 황화물 등으로 구성되어 있는 것으로 예상되고 있다. 지각은 지구 표면의 고체 부분으로 두께는 10~30km 정도 된다. 지구 반경이 6,400km이므로 지각의 양은 지구 중량의 0.4% 정도인데 이 값도 2.6×10^{19} 톤으로 매우 많다. 〈표 1〉은 지각(crust)이라 불리는 부분의 구성 원소를 추정한 값이다. 물은 지각의 5% 정도이고 대기는 지각의 0.02%이다. 지각이 금속 산화물이라면 물은 수소 산화물이기 때문에, 지구에 산소는 많지만 일부만 대기 속에서 산소로 존재하고 나머지는 금속과 수소의 산화물 형태로 존재하고 있는 것을 알 수 있다.

9 이 과정을 조금 더 자세히 보자. 금속의 산화는 대기 중의 산소가 고갈될 때까지 진행되었을 것이

[표 1] **지각을 구성하는 원소들의 구성 비율**   (질량 %) (Fathi Habashi, 2003)

원소	구성비(%)	원소	구성비(%)
산소(O)	46.6	크롬(Cr)	0.020
실리콘(Si)	27.7	바나듐(V)	0.015
알루미늄(Al)	8.1	니켈(Ni)	0.008
철(Fe)	5.0	아연(Zn)	0.008
칼슘(Ca)	3.6	구리(Cu)	0.007
나트륨(Na)	2.8	코발트(Co)	0.0023
칼륨(K)	2.6	납(Pb)	0.0015
마그네슘(Mg)	2.1	우라늄 (U)	0.0004
티타늄(Ti)	0.44	주석(Sn)	0.0004
망간(Mn)	0.1	텅스텐(W)	0.0001
바륨(Ba)	0.043	수은(Hg)	5×10^{-5}
스트론튬(St)	0.015	은(Ag)	2×10^{-6}
지르코늄(Zr)	0.022	백금(Pt)	5×10^{-7}
란타늄(La)	0.017	금(Au)	1×10^{-7}

다. 산화 반응을 한 양이 엄청났기 때문에 많은 산화열이 발생하면서 지구의 온도가 아주 높았을 것이고, 그래서 이 때 지구는 액체 상태였을 것으로 추정된다. 유동적인 액체 상태여도 중력은 작용하고 있기 때문에 비중이 큰 금속 액체는 내부로 모여서 핵을 형성하고 가벼운 산화물 액체는 표면을 덮고 있었을 것이다. 산화 반응이 끝나고 나서 지구의 온도는 내려가기 시작했을 것이고, 표면 온도가 1500도보다 낮아지면서 표면부터 응고가 진행되고 더 냉각될수록 더 두꺼운 고체층이 만들어져서 현재와 같은 지각을 형성하게 되었다. 이 시점까지 대기에 산소는 없었다. 물도 높은 온도 때문에 수증기 형태로 대기 중에 존재했다. 그 후에 지구 표면이 100도 이하로 떨어지면서 수증기가 물로 바뀌어 지표상에 모이기 시작했고, 이 양이 늘어나 바다나 호수가 만들어졌다. 지구 표면 온도가 계속 떨어지면서 여러 생명 활동이 진행되다가 어느 시점에 광합성을 할 수 있는 식물이 생겨났다. 광합성의 결과 산소가 만들어져 대기로 방출되기 시작했다. 그 이후 식물이 늘어나면서 산소 배출이 늘어나게 되고, 대기 중의 산소 농도가 계속 증가해서 현재의 대기 중의 산소 농도인 21%에 도달했다.

나 모래 형태로 지각에 존재하는 산화물에서 금속을 얻을 수 있다. 그러나 우리 눈에 보이는 보통의 모래를 퍼서 금속을 얻는 것은 금속 성분의 양이 적어서 경제성이 없기 때문에, 각각의 금속은 그 금속의 화합물을 많이 포함하고 있는 광석에서 얻게 되는 것이다.

그리고 부록에 설명되어 있듯이 실제 인류가 금속을 얻는 환원 반응은 금속 산화물에서 산소를 분리해 내고 금속을 얻는 것이 아니라, 탄소가 반응에 참여해서 광석의 산소를 가져가고 금속이 만들어지는 것이다. 그 반응은 아래와 같다.

금속 산화물 + 탄소(또는 일산화탄소) → 금속 + 일산화탄소(또는 이산화탄소)

$Fe_3O_4 + 4C \rightarrow 3Fe + 4CO$

$Fe_3O_4 + 4CO \rightarrow 3Fe + 4CO_2$

이렇게 탄소가 반응에 포함되면서 금속을 만들 수 있는 온도가 획기적으로 낮아졌고, 특히 철, 구리, 주석 등 인류가 기원전부터 사용했던 중요한 금속들은 모두 800도 이하에서 만들 수 있게 되었다. 이 사실은 인류 문명 발달에 결정적인 영향을 준다.

광석은 앞에서도 이야기했지만 겉보기에는 그냥 돌이며, 성분을 분석하기 전에는 이미 만들어진 금속과의 연관성을 찾기 어렵다. 물론 포함된 금속 산화물 특성 때문에 특징적인 색을 가지는 것들이 있긴 하지만, 해당 광석과 금속을 연결시키는 것은 그 광석에서 해당 금속을 만들 수 있다는 것을 알고 있을 때나 가능한 것이고, 이러한 사실을 모르는 상황에서 광석에서 금속을 만들 수 있다는 생각을 해내는 것은 쉽지 않다.[10] 다른 많은 발명들처럼 최초의 금속 만들기에 대한 착상은 자연계에서 일어나는 일을 주의 깊게 관찰하면서 얻게 되었을 것으로 보인다.

금속 원소가 풍부하게 포함된 광물이 있는 지역에서 '우연'히 산불이 나면 불에 의한 온도와 나무 속의 탄소 덕분에 지표면에 있는 금속 산화물이 환원되면서 금속이 만들어질 수 있었다. 그러면 산불이 난 곳에 갔던 선조들이 눈에 띄는 돌과 다른 이상한 재질의 금속을 주워 와 사용할 수도 있고, 좀 더 일찍 도착한 사람들은 금속이 만들어지는 과정을 볼 수도 있었을 것이다. 그리고 그러한 경험을 바탕으로 불을 사용해서 광물로부터 금속을 만들어 낼 수 있다는 아이디어를 얻었을 가능성이 크다. 이러한 추론이 타당한 것은, 금속의 종류는 매우 많지만 산불이 안정되게 만들어 낼 수 있는 온도인 800도 이하에서 만들어질 수 있는 금속이 인류가 기원전에 사용했던 7개 금속 외에 코발트와 니켈, 아연 정도이고[11] 다른 금속들은 훨씬 높은 온도가 필요하기 때문이다. 예를 들어서 지각에 가장 많은 실리콘 산화물이나 알루미늄 산화물은 탄소가 있더라도 환원되기 위해서는 1500도 또는 2000도가

---

10 산소라는 존재를 알게 된 것은 1770년대이다. Sheele, Priestley, Lavoisier 등 세 명의 과학자들이 산소의 존재를 확인하고 이름을 붙였다. 이렇게 산소가 발견된 이후에야 돌이 금속과 산소가 결합한 물질이라는 것을 알게 되고 적극적으로 산화물에서 금속을 만들어 내는 작업이 이루어졌다. 그래서 산소 발견 이전에 만들어진 금속의 개수가 14개인데 산소 발견 이후 20년 내에 10개가 만들어졌다. 그리고 19세기 전반부에 24개가 만들어지는 등 아주 빠른 속도로 여러 금속이 만들어진다.

11 이 중에서 니켈은 중국에서 4세기부터 구리와의 합금으로 동전 제조에 사용되었기 때문에 그 전에 만들어졌을 것으로 보인다. 코발트는 17세기에 발견되었는데, 그 이유는 자원이 인구밀도가 아주 낮았던 호주나 산불이 잘 나지 않는 열대 우림 지역인 콩고강 유역에 편중되어 있기 때문으로 생각된다.

넘어야 하기 때문에 이 원소들은 산불이 나더라도 금속으로 만들어지지 않는다.

이제 인간이 의도적으로 금속을 만드는 것에 대해서 보도록 하자. 부록에서 제시한 각 금속이 만들어질 수 있는 온도(구리 상온, 납 300도, 주석 630도, 철 710도)는 각 금속이 만들어지기 위한 최소 온도이다. 그런데 최소 온도 근처에서는 반응 속도가 매우 늦기 때문에 실제 금속을 만들고자 할 때는 이 온도보다 훨씬 높아야 한다. 또 금속을 사용하기 위해서는 필요한 모양으로 녹여서 만드는 주조나 두드려 만드는 단조와 같은 가공 과정이 필요하다. 금속마다 만들기와 가공의 난이도가 달라 만들어지거나 사용되는 시기에 차이가 난다. 각 금속별로 이 과정들을 살펴보자.

금, 은, 납, 수은

금은 산화를 하지 않기 때문에 산소가 포함된 대기 중에서도 금속 상태를 유지할 수 있다. 따라서 금은 인류가 탄생하기 전부터 지표면에 존재하고 있었다. 그리고 인류는 금을 사용하기 위해서는 만들어 낼 필요 없이 자연에서 획득하면 되기 때문에 가장 먼저 사용하게 되었을 것이다. 현대에는 금을 지하 광산, 사금, 그리고 다른 금속 광석 속에 포함된 금 성분 등 세 가지 원천에서 얻고 있지만, 7,000년 전 인류에게는 광산이나 다른 금속 광석에서 얻는 것은 가능하지 않았기 때문에 사금에서 모래 형태의 금을 얻기 시작했을 것이다.

금을 사용하기 시작한 것이 7,000년 전인 이유는 알갱이 형태의 금을 그

대로 사용할 수 없고 원하는 모양으로 만드는 기술이 필요했기 때문이다. 아마도 그 이전에도 어느 정도 큰 금덩어리는 사용했을 가능성이 높다. 특히 금은 부드러운 편이라 망치로 쳐서 원하는 모양으로 가공하기가 쉽다. 그래서 큰 덩어리로 된 금을 발견했다면 석기 시대에도 돌망치를 사용한 단조 작업을 통해서 금장식을 만들어서 사용할 수 있었다. 단지 큰 덩어리의 금이 발견되는 경우가 드물었을 것이다. 하지만 이런 덩어리 금을 사용하면서 금의 유용성에 대해 알게 되었고, 모래에서 얻은 알갱이 사금을 사용하고자 하는 동기가 되었을 것으로 생각된다.

알갱이 형태의 금으로는 원하는 모양을 만들기 어렵기 때문에 일단 덩어리 형태로 만들어야 그 후 단조를 통해서 원하는 모양으로 가공할 수 있다. 금을 덩어리 형태로 만드는 방법은 도자기 제조에서 설명했던 소결과 금속에 적용할 수 있는, 이른바 녹여서 성형하는 주조가 있다. 금을 녹이기 위해서는 1050도 정도로 온도를 올려야 한다. 이에 비해서 소결은 녹는 온도의 1/2이 넘으면 가능하기 때문에, 550도를 넘으면 가능하다.

금을 사용하기 시작한 7,000년 전에 인류는 금을 녹일 수 있는 수준의 온도를 얻지는 못해도, 금 알갱이를 소결할 수 있는 온도로는 올릴 수 있었고, 이렇게 소결법을 사용해서 금 덩어리로 만들고 이 덩어리를 단조 작업을 해서 여러 금장식들을 만들었을 것으로 보인다. 초기 금이 소결로 뭉쳐졌을 것이라고 추정할 수 있는 근거는 두 가지 정도가 있다. 우선 금의 성분이다. 이집트에서 발견된 초기에 만들어진 금제품의 성분을 분석해 보면 은, 구리, 그리고 철 등이 들어 있다. 금을 녹이면 그 속에 포함되어 있던 구리나 철 성분은 산화해서 산화물을 만들며 떠오르기 때문에 쉽게 제거된다. 따라

그림 2 B.C.2500년경에 만들어진 이집트 사카라 고분 벽화

서 이 성분들이 발견되었다는 것은 이 제품들이 금을 녹여서 만든 게 아니라는 의미이다. 또 하나는 이 시기에 그려진 벽화에서 추론할 수 있다. 〈그림 2〉는 이집트 사카라 지역의 고분에 있는, 금을 다루는 모습이 그려진 벽화이다. 그림의 왼쪽에 금이 들어 있는 것으로 추정되는 도가니가 불 위에 놓여 있고, 작업자들이 불의 온도를 높이기 위해서 입으로 공기를 불어 넣고 있는 모습을 볼 수 있다. 오른쪽에는 이렇게 얻은 금을 단조로 가공하는 모습이 그려져 있다. 그런데 〈그림 2〉의 왼쪽과 같은 방식의 가열 방법으로는 1000도 이상의 온도를 얻는 것은 가능하지 않다. 따라서 〈그림 2〉에서 불을 사용한 작업은 금을 소결하는 과정으로 보는 것이 타당하다. 1000도가 넘는 온도를 얻기 위해서는 주위가 닫혀 있어야 하고 공기를 훨씬 강력하게 불어 넣어야 한다.

그런데 소결에 필요한 불의 온도는 도기 제작에 필요한 온도인 700도보다 낮아서 불의 온도 측면에서는 금을 사용하기 시작한 시기가 기원전 16000

년 정도로 추산하는 도기 제작에 비교하면 상당히 늦은 것이 일견 이상해 보인다. 그러나 이렇게 금 소결이 늦어진 이유는 금을 소결하기 위해서는 소결 온도에서 견딜 수 있는 용기인 도가니가 필요했기 때문으로 생각된다. 〈그림 2〉를 보면 도가니가 불 위에 놓여 있는데, 이러한 고온의 조건에서 장시간 내구성을 갖는 도기를 만들 수 있어야만 금을 소결하는 것이 가능했다. 이 때문에 도기의 발전이 어느 정도 진행된 다음에야 금을 소결하는 작업이 가능해진 것이다.

그 후 1100도를 넘는 온도를 만들 수 있게 되면서 금을 녹여서 덩어리로 만든 후 단조로 가공한 금제품들이 만들어졌다. 녹여서 만들 수 있게 되면 불순물들이 쉽게 제거되며, 금과 은의 비율을 잘 맞출 수 있다. 18.4캐럿과 22.5캐럿으로 잘 정제된 금을 사용해서 만들어진 '투탕카멘의 황금가면' 같이 우수한 예술품은 이 높은 온도를 자유롭게 다룰 수 있는 청동기 시대 후기인 기원전 1500년 정도 되어야 제작이 가능했다.

은은 금과 같이 귀금속이라 불리지만 실제로는 차이가 있다. 금과 달리 은은 자연 상태에서 산화물이나 황화물이 더 안정적이기 때문에 자연계에서 '금속 은'으로 존재하지 않는다. 다만, 높지 않은 온도에서 쉽게 환원될 수 있기 때문에 산불에 의해서 만들어진 은이 존재했고, 이들은 금처럼 오래전부터 사용되었다. 은은 은 화합물만 들어 있는 은광석이 별도로 없고 주로 납광석인 방연석(galena, PbS)에 포함되어 있어서 납과 같이 얻어진다.[12] 납이나 은은 제련이 쉽기 때문에 이집트나 메소포타미아에서는 기원전 3000년

---

[12] 다만 과거 납 가치가 크지 않았을 때는 은을 얻는 것이 중요했기 때문에 이렇게 납이 많은 광산을 은 광산이라고 불렀다.

이전에 납과 은을 사용한 유물이 발견된다.

은을 얻는 전통적인 방법은 은을 납에 녹인 후 납을 산화시키는 회취법이다. 이 방법은 먼저 방연광을 정련하면 은이 포함된 납을 얻게 되는데, 이 납 속에 은 외에도 안티몬, 구리, 주석, 그리고 비소도 들어 있다. 그런데 이 납을 대기 중에서 가열해서 녹이고 오래 두면 다른 금속들은 다 산화해서 산화물을 만들고 산화를 잘 하지 않는 은이 얻어진다. 이 방법은 전통적인 은 제련 방법으로 조선에서도 회취법의 일종인 '단천은련법'이라는 우수한 은 제련 기술이 개발되었다. 이 방법은 은 회수율이 높은 기술로 조선에서 개발되었지만 일본으로 전파되어 일본의 은 생산에 큰 기여를 하였다. 스페인이 남미에서 수은을 사용해서 은을 얻는 아말감법을 사용해서 대량의 은을 생산하던 17세기에 일본에서는 단천은련법을 사용해서 스페인이 남미에서 생산되는 은의 양에 버금가는 은을 생산하기도 했다.[13]

따라서 방연광이 없던 지역에서는 은의 가격이 비쌌다. 예를 들어서 당대 기록을 보면 이집트를 페르시아가 정복했던 시기(기원전 525년)에는 이집트의 금과 은의 가격이 2:1이었는데 당시 페르시아에서는 12~13:1 정도여서 많은 페르시아 상인들이 폭리를 취했다고 한다. 그 이후 은의 공급이 풍부해지면서 이집트에서도 같은 비율로 은의 가격이 하락했다.[Habashi, 1994, p. 24]

은은 독자적으로, 또는 금과 합금으로 여러 장식품에 사용되기도 했지만 오랜 기간 금과 함께 화폐로서 중요한 역할을 했다. 초창기 주화는 금, 은,

---

13 연산군 때 김감불과 김검동이 개발한 회취법은 정작 조선에서는 사용되지 않아서 자국 경제에는 큰 도움을 주지 못하고, 오히려 일본으로 이 기술이 넘어가면서 은 산업과 은 생산이 활발해졌다. 그 결과 17세기 전반에 일본이 전 세계 은 수출의 반을 차지하면서 국력을 신장시키는 결과를 낳았다.[이경우, 2021]

또는 두 가지가 섞인 호박금(electrum)이었고, 동서양의 여러 나라에서 금화, 은화, 그리고 호박금을 가지고 주화를 만들어 사용했다. 그 후 구리를 사용한 동전들이 많이 만들어졌는데, 이때도 이 주화들의 가치를 보장해 주는 기준으로 금이나 은을 사용하는 금(또는 은)본위제도를 유지했다. 그러다가 금과 은이 대량 생산되면서 이들의 가치가 하락하고 국가 경제가 위협을 받게 되는 19세기 말과 20세기 초에 순차적으로 모든 나라가 금(또는 은)본위제를 포기하게 된다. 하지만 지금까지도 금은 귀금속으로서의 상징적인 가치를 계속 가지고 있다.

납은 강도가 크지 않아서 힘을 받는 도구로서의 용도는 크지 않았지만, 납은 은과 금을 잘 용해하기 때문에 두 금속을 얻는 데 많이 사용되었다. 그리고 납은 녹는 온도가 낮기 때문에 주조가 매우 쉽고, 부식 속도는 매우 느려서 로마 시대부터 수도관에 사용되는 사례에서 보듯이 힘을 받지 않는 도구에는 종종 사용되었다. 그 후에도 총탄이나 그물의 추, 접합용 납땜 재료 등 생활 속에 다양한 용도로 사용되었다. 1900년에는 납의 생산량이 85만 톤에 달해서 철보다는 적지만 52만 5천 톤이 생산된 구리보다 많이 사용되었다.[Habashi, 1994, p. 270] 그러나 현대에 와서 납이 건강에 해로운 면들이 확인되면서 일상생활에 사용되는 것은 많이 줄었다. 그래도 우수한 방사선 차폐 효과로 다양한 방사선 차폐 제품에 활용되고 있고, 거의 모든 내연 기관 자동차의 축전지에 사용되고 있다.

수은은 붉은 돌을 뜻하는 단사(cinnabar, HgS)에서 얻을 수 있으며, 은만큼이나 환원이 쉬운 금속이다. 상온에서 액체이고 색이 은과 같아서 한자어로 수은(水銀)이라는 말이 나왔으며, 원소 기호 Hg 역시 그리스어 hydrargyros에서 온 것인데 이 단어는 물(hydr)과 은(argyros)의 합성어이다. 상온에서 액체 상태라는 점이 신기하긴 하지만 독자적인 용도가 많지 않았다. 유리에 발라서 거울을 만들거나, 온도계 등 생활에 빈번하게 쓰이거나 화장품 또는 약이나 인조 치아의 재료 등 인체와 직접 접촉하는 용도로 일부 사용되었다. 그러나 강한 독성을 갖고 있다는 것이 밝혀진 이후, 많은 나라에서 사용이 금지되면서 사용량이 급격하게 감소하였다. 한때 수은 사용이 선호된 것은 지식의 부족이 만들어 낸 아이러니라고 할 수 있다.

하지만 비등점이 낮은 수은은 다른 금속과 반응해서 낮은 온도에서 합금인 아말감을 만든다. 이 성질들을 이용해서 다른 금속을 추출하는 용도로 사용되었는데 금이나 은을 포함한 광석을 어느 정도 분쇄한 다음에 이 입자들을 수은에 넣으면, 그 속에 있는 금이나 은이 수은과 결합해서 아말감을 만든다. 그 후 이를 가열하면 수은이 증발하고 금이나 은이 남는다. 이를 활용한 금과 은을 추출하는 공정은 16세기에 확립되었다. 그 이후 수은의 중요한 역할이 금이나 은을 얻는 것이었고, 아직까지도 이 방법을 사용하는 지역이 있다.

구리, 주석, 그리고 청동기 시대

구리는 청동기 시대에 가장 중요한 재료이며, 그 이후에도 인류 문명 발전에 많이 기여하고 있는 금속이다. 청동기 시대라고 부르지만 주재료는 정확히 말하면 구리에 다른 금속이 섞인 구리합금이고, 포함되는 금속은 청동기 시기 동안 계속 변화한다. 청동기 시대 초기 유적에서는 다른 성분이 조금만 들어간 구리 금속으로 만든 도구들이 발견된다. 이 시기는 석기 시대에서 청동기로 넘어가는 시기이고, 이 시기에 만들어진 구리는 구리를 강화시켜 주는 불순물인 비소나 주석이 별로 포함되지 않아서 강도가 약했기 때문에 도구로서의 유용성은 당시 최고로 발전된 석기에 비해서 큰 장점이 없었다. 그래서 일부 연구자는 구리와 석기가 같이 사용되었다고 동석기 시대(Eneolithic Age)[14]라고 부르면서 청동기 시대와 구별하기도 한다. 그 후 비소가 1% 이상 들어간 구리 합금이 주재료로 사용되었고, 후기에는 주석이 많이 들어간 청동이 주재료로 사용된다. 이 금속들의 제조와 가공 기술을 보면서 이렇게 변화하는 이유에 대해서 알아보자.

구리는 다른 금속들처럼 산소 또는 황과 결합한 형태로 존재할 때 안정되기 때문에 금과는 달리 대부분의 구리는 화합물로 존재한다. 이 구리 화합물이 많은 광석이 모여 있으면 구리 광산이다. 그런데 자연계에는 화합물이 아닌 금속 상태의 천연구리(native copper)가 일부 존재한다. 이들은 원래 구리 광석이 있던 지형에서 과거에 일어난 지질 작용에 의해서 만들어진 것으로 추정된다. 지질 작용 외에 산불도 구리를 만들 수 있다. 지질 작용처럼 구리 산화물 광석이 있는 지역에 산불이 나면 부록의 제련에서 설명한 대로 구리가 만들어질 수 있다. 지구상에서 산불은 몇 억 년 전부터 있었기 때문에 인류가 나타나기 훨씬 전부터 지구 곳곳에 자연이 만들어 낸 구리가 존재하고 있었다.

인류가 최초로 사용한 구리는 바로 이렇게 자연이 만든 구리이다. 자연에

---

14 금석병용기 시대(chalcolithic age) 또는 구리 시대(copper age)라고 부르기도 한다.

서 얻을 수 있었기 때문에 구리를 사용한 유물도 상당히 이른 시기부터 나온다. 연구자에 따라서는 구리의 사용이 금보다 빠른 기원전 8000년 정도에 시작되었다고 주장하기도 한다.[Solecki, 1969] 터키 남동부에 위치한 차요뉴 테페시(Çayönü Tepesi) 지역의 기원전 7000년경의 신석기 유적 중에 구리로 만든 공예품들이 50개가 넘게 발견되었는데, 사용된 구리는 분석 결과 그 지역에서 20km 정도 북쪽에 있는 에르가니 광산(Ergani Maden)에서 채취된 천연 구리인 것이 밝혀졌다.[Muhly, 1988] 이 공예품들 중에는 구리를 가열하지 않고 망치질을 한 것과 가열하면서 망치질을 한 것이 섞여 있는데, 당연히 가열하면서 망치질해 다듬은 것이 결함이 적었다. 당시의 작업자들이 결함을 줄이기 위해 의도적으로 가열하면서 가공했는지는 알 수 없지만, 금속 가공 기술이 점차 발달하고 있었던 것은 분명하다. 다만, 금은 주로 공예품을 만드는 데 사용되었던 데 반해 구리는 도구의 재료로서 문명 발전에 중요한 역할을 하기 때문에 천연구리를 사용해서 만든 공예품들의 고고학적 가치와는 별도로, 문명의 발전에 미치는 영향에 대해서는 더 이상 논의하지 않겠다.

인류가 어떻게, 그리고 언제부터 구리를 만들기 시작했는지를 명확하게 보여 주는 증거는 아직 없다. 그렇지만 천연구리로 만들었다고 보기 어려운, 만드는 데 많은 양의 구리가 필요한 도끼가 한꺼번에 여러 개씩 발견되는 유적들을 통해 기원전 4500년 전후에는 만들기 시작한 것으로 본다. 사실 구리는 산불에 의해 만들어졌을 가능성이 매우 높다. 구리 광산인지도 모르는 채 인류가 천연구리나 산불로 만들어진 구리를 채집하기 위해 들르던 장소에 어느 날 그 장소에 큰 산불이 났고, 그 후에 다시 가보니 갑자기 구리가 많이 생겼거나, 산불에 의해서 구리가 만들어지는 과정을 관찰할 기회가 주어지면서 광석-불-구리의 연관성을 생각해냈을 것이다.

그리고 그곳의 특별한 흙이나 돌을 가져다가 구리를 만들기 위한 시도를 했을 것이다. 고대 제련법을 연구한 연구자들은 산화광에서 구리를 만들기 위해서는 최소 800도의 온도가 필요했을 것으로 추정한다.[Habashi, 1994, p.16] 기원전 4500년 정도에 근동 지역에 살던 고대인들이 구리를 만들어서 사용하기 시작했다는 것은 그들이 최소한 800도 정도의 온도를 안정적으로 얻는 기술을 가졌다는 것을 의미한다.

이들은 구리를 만들기 가장 쉬운 구리 산화물(Cu_2O) 광석이나 가열하면 쉽게 산화물로 바뀌는 광석($CuCO_3$, $Cu(OH)_2$, $2CuCO_3 \cdot Cu(OH)_2$)에서 구리를 만들었다. 이 시기에 만들어진 구리는 구리의 함량이 높고 구리를 강하게 만드는 원소들은 적게 들어 있어서 강도가 돌과 유사했던지라 도구로서의 경쟁력은 그다지 높지 않았다. 그래서 이 시기를 구리가 장신구나 의례용 도구로 사용되고, 작업을 위한 도구로는 석기가 사용되었다 해서 동석기 시대라고 부르는 역사학자들도 있다. 그런데 조사 결과를 보면 이 시기에 생산된 구리의 양이 상당하다. 당시 유명한 구리 광산이었던 불가리아 남부의 아이 부나르(Ai Bunar) 광산에서 채굴된 구리 광석이 2,000~3,000톤이고, 이를 사용해서 만들어진 구리가 500~1,000톤으로 추산된다.[Muhly, 1988] 구리가 장식품으로만 사용되었다고 보기에는 생산량이 너무 많다. 비록 구리가 돌보다 강하지 않아도 구리는 금속이므로 돌처럼 쉽게 깨지지 않아 무기나 내구성이 필요한 도구로서의 장점이 있기 때문에 이 시기에도 구리가 이런 용도로 사용되었을 가능성이 상당히 높다. 뒤에 청동기 부분에서 설명하겠지만, 이 시기에 만들어진 구리 도구들은 나중에 녹여져서 다른 구리 도구나 청동기로 재활용되면서 없어졌을 가능성도 있다.

이렇게 구리가 많이 생산되자 광석 소비량이 늘어나서 청동기 시대가 시작되기도 전에 제련하기 쉬운 구리 광석들은 고갈되기 시작했다. 산화광이 고갈된 광산에는 구리와 황의 화합물인 황화광(Cu_2S, $CuFeS_2$ 등)이 많이 남아 있었지만 산화광을 처리하던 장치로는 황화광을 구리로 만들 수 없었고, 황화광을 구리를 만드는 기술은 아직 개발되지 않았다. 그 대신 비소가 들어간 광석(녹비동광, olivenite, $Cu_2AsO_4 \cdot OH$)을 사용해서 구리를 만들기 시작했는데 이 광석 속에 들어 있는 비소가 구리 속에 용해되면서 구리의 강도를 높여 주는 등 의도하지 않은 결과를 얻었다. 이러한 강화 효과를 내는 원소는 비소 외에도 주석, 납 등이 있다. 그래서 주석이 본격적으로 사용되기 전에 유럽에서는 비소가 첨가되었고, 중국에서는 납이 포함되면서 같은 효과를 얻었다.[Rapp, 1988] 이러한 합금 성분[15] 덕분에 구리가 도구를 만드는 데 사용될 수 있었고, 도구의 숫자도 늘어나면서 금속으로 만든 도구가 본격적으로 인류 문명 발전에 기여하게 된다.

구리에 대한 수요가 갈수록 늘어나면서 비소가 포함된 광석만으로는 공급이 모자랐다. 제련기술자들은 매장량이 많은 황화광을 제련해서 사용할 공정을 찾으려 노력하다가 어느 시점에 황화광을 대기 중에서 높은 온도로 가열하면 황과 구리가 산소와 반응해서 황은 이산화황이 되고, 광석은 산화물로 바뀌는 것을 발견했다. 이 산화광은 기존 제련 장치에 투입할 수 있었기

---

15 청동기 시대(Bronze age)라는 말의 bronze를 우리는 청동이라고 부르고 현대에는 구리와 주석의 합금을 이야기하지만, 원래 bronze라는 단어가 가지는 의미는 구리에 다른 금속이 들어간 합금을 의미한다. 그리고 구리와 아연의 합금은 brass(황동)라고 부른다. 그런데 고대에는 두 단어가 혼용되었고, 나중에는 주석이 들어간 것은 bronze, 아연이 들어간 것은 brass라고 구분했다.

때문에 황화광을 자원으로 사용할 수 있게 되었고, 자원 부족 문제가 많이 해소되었다.

그런데 이렇게 만든 구리 금속은 비소가 적기 때문에 구리-비소 합금에 비해서 강도가 약한 것이 문제였다. 만일 비소의 존재와 역할을 알았다면 비소를 제련해서 별도로 첨가하면 되었겠지만, 당시에는 비소의 존재를 알지 못했고 이 문제를 해결하기 위한 노력 끝에 당시의 기술자들은 주석이 구리의 강도를 높인다는 것을 알아내서 주석을 첨가한 청동을 만들었다. [16] 주석을 제련하기 위해서는 구리보다 100도 정도 더 높은 온도가 필요했기 때문에 고대 기술로 주석을 만들기 위해서는 900도 정도까지 온도를 올려야 했을 것으로 생각된다. 800도와 900도는 차이가 크지 않아 보이지만, 나무

---

16 어떻게 주석이 구리를 강화시키는 것을 알아내고 구리에 주석을 첨가하게 되었는지에 대해서는 아직 명확하게 설명할 근거나 유적은 없다. Howell[2005, pp. 109-110]은 다음과 같은 네 개의 가능성을 제시한다. (1) 우연히 구리와 주석을 같이 가진 광석을 제련, (2) 우연히 구리 광석과 주석 광석을 같이 제련, (3) 구리금속에 주석 광석을 넣고 용해, (4) 각각 제련된 구리와 주석 혼합. 그러나 상당량의 주석을 포함하는 구리 광석이 없고, 두 광석이 같은 장소에서 나오지 않기 때문에 우연히 두 광석을 섞어서 제련하다 발견했을 가능성은 매우 낮다. 남은 가능성은 (3)번과 (4)번이다. (4)번인 금속 구리와 금속 주석을 혼합하는 것은 청동기 시대 실제 행해진 일이고, 유물이나 이집트 벽화에 그림으로도 남아 있다. 그러나 처음부터 제련이 어려운 주석을 만들어서 구리에 섞어서 청동을 만드는 것은 생각하기 어렵다. 그래서 필자는 청동이 만들어지게 된 계기는 (3)번이라고 생각한다. 다만, 처음부터 의도적으로 액체 구리에 주석 광석을 첨가했을 가능성은 높지 않다고 생각하며, 구리 도구가 주석 광석 위에 놓인 상황에서 불이 나면서 구리가 녹았다가 굳는 과정에서 주석 광석이 환원되어 주석이 구리에 포함되고, 그 결과 강한 청동이 만들어지는 것을 경험하면서 주석의 효과를 확인했을 가능성이 높다고 생각한다. 이러한 시나리오가 가능한 것은 주석 광석이 다른 말로는 주석석(cassiterite or tinstone, SnO_2)인데 이들이 금광석이 있는 곳에서 같이 발견되는 사례가 많아서다. 따라서 금을 캐던 구리 도구를 내려놓은 장소가 주석 광석 위였고, 그곳에 불이 나게 되면서 도구가 녹았다가 다시 굳어 청동이 만들어졌을 가능성이 있다. 이렇게 주석의 효과를 알게 되면 다음 단계는 구리 광석과 주석 광석을 같이 제련하거나, 주석을 만들어서 구리에 첨가하는 것으로 발전했을 것이다. 그리고 주석의 환원 온도는 구리보다 높지만 환원은 쉬워서 온도를 올려 주는 기술만 있으면 주석을 만들 수 있다.

를 사용해서 올릴 수 있는 최고 온도에 가깝기 때문에 100도 더 올리는 것이 간단한 일이 아니어서 주석 제련은 구리에 비해서 늦게 개발되었다.

그런데 구리를 강화시키는 효과는 낮은 농도에서는 비소가 주석보다 더 크다. 예를 들어서 비소와 주석이 각각 2%씩 구리에 포함되면, 비소는 구리의 강도를 30% 정도 높이지만 주석은 10% 정도 높일 뿐이다. 다만 비소는 4% 이상 첨가되면 더 이상 효과가 없는 데 비해서 주석은 10%가 넘을 때까지도 첨가하면 할수록 계속 강도가 높아지기 때문에 주석이 들어간 청동이 비소가 들어간 합금보다 더 우수한 성질을 가질 수 있고, 주석이 10% 또는 그 이상 들어간 청동이 시대의 주재료로 자리매김하게 되었다.

그리고 주석이 많이 첨가되면서 생각지 못했던 장점이 생겼다. 주석이 구리에 비해서 녹는 온도가 낮기 때문에 구리와 주석 합금은 구리보다 녹는 온도가 낮아지는데 주석이 10% 정도 들어가면 녹는 온도가 구리보다 100도 정도 낮아진다. 이 덕분에 액체 청동을 만드는 것이 쉬워지면서, 액체 금속을 틀에 부어서 원하는 형상을 만드는 주조(casting, 자세한 내용은 부록 참조)라는 가공법을 써서 다양한 청동기를 만들 수 있게 되었다. 과거 금속 가공기술이 다양하지 않던 시기에 주조는 다양한 모양의 제품을 쉽게 만들 수 있는 방법이었고, 청동은 특히 주조가 잘 되는 금속이었다. 따라서 주석이 많이 들어간 청동은 그 전 단계인 구리-비소 합금보다 뛰어난 재료 성질과 쉬운 제조 및 가공 과정으로 인하여 한 단계 도약한 청동기 무기와 도구를 만들 수 있게 되고 그 덕분에 사회가 급격하게 발전하게 된다.

이러한 액체 청동의 제조와 주조를 통한 청동기 제작은 1000도를 넘은 온도를 확보하면서 가능해질 수 있었다. 1000도가 넘은 온도를 만드는 것은

그림 3 기원전 1500년경에 만들어진 이집트 테베 고분 벽화

여러 노력이 있었지만, 특히 두 가지 중요한 개선을 통해서 이루어졌다. 하나는 연료가 나무에서 목탄으로 바뀐 것이다. 물론 이 당시의 목탄 기술은 아직 발전 중이어서 중간 단계 정도였지만, 그래도 나무보다는 높은 온도를 만들 수 있었다. 그리고 연료의 변화와 함께 공기를 불어 넣는 방법이 개선되었다. 본격적인 청동기 시대로 접어들면서 제련로 유적에는 송풍구(tuyere)와 발로 공기를 불어 넣을 수 있는 풀무가 연결된 것으로 보이는 조각들이 나온다.[Kassianidou, 2011] 이집트 고분 벽화를 보면 공기를 불어 넣는 기술의 변화를 알 수 있다. 앞에서 보았던 〈그림 2〉는 기원전 2500년경에 그려진 것으로 작업자들이 입으로 관을 통해 공기를 불어 넣으면서 금을 소결하는 작업을 하고 있었다. 그런데 기원전 1500년경에 만들어진 테베 고분의 벽화인 〈그림 3〉을 보면, 왼쪽 위 그림에서 발로 작동하는 풀무를 사용해서 청동을 녹이는 모습을 볼 수 있다.

　이러한 기술 향상으로 주석을 섞은 청동을 사용한 청동기 시대가 본격화하게 된다. 동석기 시대 구리는 석기에 비해서 장점이 크지 않았지만 그 후 만들어진 구리-비소 합금은 강도가 200MPa 정도로 향상되면서 돌 도구를 대체하게 되었다. 그리고 주석이 10% 이상 포함된 청동은 단조 작업을 잘 하면 강도가 400MPa 정도로 높아질 수 있었기 때문에 무기나 도구로 강력한 힘을 발휘할 수 있었다. 이 시기에 많은 청동제 무기와 도구가 만들어졌는데 수메르나 이집트에서 만들어졌던 유명한 만곡도(sickle sword, Khopesh)는 전장에서 활발하게 사용되었다. 그리고 도끼나 끌 같은 도구가 400MPa 정도의 강도를 가지게 되면서 크고 단단한 나무를 자르고 다듬어서 목재로 가공하는 것이 가능해져서 큰 목재를 이용해야 하는 목조 건축물이나 선박이 만들어지기 시작했다. 지중해 지역에서 많이 사용된 여러 개의 노를 사용하는 갤리선도 청동기 시대 후반에 만들어지기 시작한다.

이렇게 도구가 많아지면서 생산성이 높아지고, 성능이 개선된 무기가 많이 만들어지면서 군사력이 강화되어 전쟁을 통한 국가 통합이 일어나기 시작했다. 청동기 시대 중반이 되면 근동 지역에서는 수메르나 이집트 같은 큰 제국들이 만들어졌고, 중국도 제대로 된 국가 형태의 상나라(또는 은나라)가 만들어진다.

불의 온도가 올라가면서 구리의 제련기술도 더 발전하게 된다. 청동기 시대 후기에는 1200도 이상으로 온도를 올릴 수 있게 되어 구리 제련, 주석 제련, 그리고 청동기 주조까지 원활하게 이루어지면서 고품질의 청동이 많이 만들어지고 다양한 용도로 사용되었으며 사회도 크게 발전하게 된다.

다만 청동기는 재료가 충분하지 않다는 한계가 있었다. 황화광을 사용함으로써 초기 청동기 시대의 구리 재료 부족 문제를 극복할 수 있었지만, 계속되는 발전에 따라 늘어나는 청동기 수요를 공급하는 것이 쉽지 않았다.

그런데 〈표 1〉에서 보았듯이 지구상에 존재하는 구리의 양이 많은 것도 아니지만 그보다 주석이 더 문제였다. 강한 청동기에는 주석이 10% 정도 들어가야 하는데 주석 광산이 많지 않아 생산량을 늘리는 것에 한계가 있고, 따라서 청동기 사용이 확대되기 어려웠다.

예를 들어서 주석 광산이 없었던 이집트는 당시 부유하고 강력한 국가였음에도 소아시아 지역보다 한참 늦은 기원전 2000년 정도가 되어서야 청동기를 사용하기 시작했다. 청동기 시대가 제일 먼저 시작된 소아시아 지역의 광산은 상당히 일찍 고갈되었으며, 부족한 주석을 이베리아 반도를 포함한 유럽 지역, 더 나아가 브리튼섬 지역에 있는 주석 광산까지도 개발해서 들여와 충당했다. 이러한 주석 공급의 한계로 청동기는 무기에 비해서 청동제 도구가 그렇게 많이 발굴되지 않고, 발굴되는 것도 상징적인 용도(장식, 의례용 도구 등)로 사용된 것이 많다. 이러한 유물들을 바탕으로 청동기 시대에도 청동은 도구로는 별로 사용되지 않았고 주로 무기에 사용되었다고 주장하는 연구자들도 많다.

하지만 비록 청동이 철기 시대의 철보다 많이 만들어지지 않았을지언정, 청동기 시대의 문명 발전을 보면 분명 청동 도구도 많이 사용되었을 것이다. 이러한 상황을 보여 주는 기록이 있다. 수메르의 점토판 중에는 새와 물고기, 양과 곡식, 곡괭이와 쟁기, 구리와 은, 여름과 겨울 등 서로 대립하는 두 존재를 의인화하여 서로 토론하는 형식의 논쟁에 대한 내용이 남아 있다. 그중에서 청동의 용도를 보여 주는 구리와 은의 논쟁에 대한 기록을 보자.[Kramer, 1971, p.265] (괄호 안의 영어와 물음표는 크레이머 교수가 검토판의 기록을 소개하며 코멘트한 것이고, 괄호 안의 한글은 필자가 쓴 내용이다.)

Silver, only in the palace do you find a station, that's the place to which you are assigned. If there were no palace, you would have no station; gone would be your dwelling place ... your dwelling place ... (Four lines unintelligible.) In the (ordinary) home, you are buried away in its darkest spots, its graves, its "places of escape" (from this world).

When irrigation time comes, you don't supply man with the stubble-loosening copper mattock; that's why nobody pays any attention to you!

When planting time comes, you don't supply man with the plough-fashioning copper adz; that's why nobody pays any attention to you!

When winter comes, you don't supply man with the firewood-cutting copper ax; that's why nobody pays any attention to you!

When the harvest time comes, you don't supply man with the grain-cutting copper sickle; that's why nobody pays any attention to you! ... (Four lines unintelligible.)

(중략)

(Thus ends Copper's speech.)

(The author then continues:)

The taunts which mighty Copper had hurled against him made him (Silver) feel wretched; the taunts filled with shame (?) and bitterness made him smart (?) and wince (?) like water from a salty well. (One line unintelligible.). Then did Silver give the retort to mighty Copper: ... (There follows Silver's bitter address to Copper, much of which is unintelligible at the moment.)

구리와 은의 논쟁이긴 하지만 위 괄호에 쓰여 있듯이 은의 주장은 아직 해독하지 못하고 있어서 은의 용도가 어떤 것인지는 명확하지는 않다. 하지만 구리가 한 연설의 시작과 끝부분에서 은에게 '너는 궁전에서만 쓰이고, 여염집에서는 무덤에 묻혀 있을 뿐이라 일상생활에서는 보이지 않는다.'고 강조한다. 그리고 은으로는 여러 도구를 만들 수 없기 때문에 아무도 관심을 가지지 않는다고 하면서 자신(구리[17])의 도구로서의 용도를 이야기하고 있다. 은으로는

> 관개할 때 그루터기를 제거해 줄 구리 곡괭이를 만들 수 없다.
> 곡물을 심을 때 쟁기 역할을 할 구리 손도끼를 만들 수 없다.
> 겨울이 오면 땔감을 패는 구리 도끼를 만들 수 없다.
> 추수 때가 되면 곡물을 베는 구리 낫을 만들 수 없다.

고 하며, 그래서 사람들이 은에게 관심을 기울이지 않는다고 설파한다. (안타깝게도 은의 주장은 해독이 되지 않아서 은의 용도나 장점을 볼 수 없지만, 구리의 주장에서 유추해 보면 은은 왕실에서 장식품으로 사용되고 일반인은 부장품으로만 사용하고 있다는 것을 알 수 있다.)

이 내용을 보면 농사에 사용되는 곡괭이, 손도끼, 도끼, 그리고 낫을 청동으로 만들어서 사용하고 있다는 것을 알 수 있다. 또 다른 논쟁인 곡괭이와 쟁기 부분의 내용을 보면 곡괭이가 토목공사, 토지정리, 집짓기, 집수리, 배 만들기 등 일상생활 전반에 다양하게 활용되고 있는 것을 알 수 있다.[크레이머 저, 박성식 역, 2020, pp. 423-431]

---

17 구리로 해석되어 있지만 기원전 2000년대에 쓰인 것으로 추정되므로 청동을 의미한다고 생각된다. 그러나 구리-비소 합금일 가능성도 없지는 않다.

철기 시대가 시작된 이후에도 청동기는 계속 생산되었다. 예를 들어서 앞에서 언급한 이베리아 반도의 광산은 청동기 시대에 개발되어서 로마 시대까지도 계속 주석을 생산했다. 철기가 생산되기 시작한 초기에는 청동과 철이 성질에서 큰 차이가 나지 않고, 때로는 청동이 더 우수한 측면들도 있었다. 하지만 철은 자원이 풍부해서 많이 만들 수 있었고, 시간이 지날수록 기술이 발전하면서 철의 성질이 개선되어, 청동기는 도구나 무기로서의 주도적인 위치를 철에게 넘겨주게 된다. 그렇지만 철은 주조하는 것에 어려움이 있었기 때문에 청동이 주조용 금속으로 계속 사용되었다. 예술작품이나 각종 장식품같이 복잡한 형상의 작품이나 큰 주조물은 계속 청동으로 만들어졌다. 예를 들어서 우리나라의 가장 우수한 주조 작품의 하나인 성덕대왕신종이 기원후 771년에 만들어졌지만 이를 만드는 데엔 청동이 사용되었으며, 서양에서 15~18세기에 만들어진 대부분의 대포도 청동으로 주조되는 등 청동의 사용은 지속되었다.[18]

이런 상황을 고려하면 청동기 시대에 많이 사용되었던 청동 도구들이 주조법을 사용해서 재사용되었을 가능성이 많다. 녹는 온도가 높아서 재활용하기가 어려운 철제 도구들과는 달리 청동기는 녹여서 주조하는 것이 쉽기 때문에 청동 도구나 무기가 손상을 입거나 기능이 다하면 녹여서 다시 만들거나 다른 것으로 만들 수 있다.

수메르의 기록 중에 사용하다 부러지거나 날이 무뎌진 청동기를 녹여서

---

18 그리고 동양에서는 주석의 생산량이 충분하지 않아서 주석 대신에 아연이 들어간 구리-아연 합금인 황동을 개발하여 같이 사용되었다. 황동도 주조성이 좋았고, 아연은 자원의 양도 많아서 황동의 생산량이 많이 늘어났다. 그리고 18세기 이후에는 서양으로도 황동 제조 기술이 전파되면서 사용이 확대되었다.

새로 만들었다는 것을 보여 주는 시가 남아 있다. 전쟁의 신 네르갈Nergal에게 도끼를 바치는 내용을 쓴 시에 다음과 같은 내용이 있다. [Black et. al., 2004, p. 157]

Nibruta-lu, the son of the merchant Lugal-suba, has had this tin axe made for Nergal.

(중략)

Should it break, I will repair it for Nergal. Should it disappear, I will replace it for him.

내용은 상인의 아들인 니부르타-루Nibruta-lu가 주석[19] 도끼를 네르갈에게 바치면서 부러지면 고쳐 주고, 없어지면 다시 만들어 주겠다고 약속하는 것이다. 금속을 녹여서 붙이는 용접 기술이 없던 당시에 부러진 것을 고치는 방법은 녹여서 새로 만드는 방법만 가능했고 이 시기에 금속을 녹여서 새로 만드는 일을 했다는 것을 알 수 있다.

그리고 청동은 항상 귀한 재료였기 때문에 인류는 지속적으로 수명이 다

---

19 앞에서 구리라고 쓰인 것이 구리-비소 합금 또는 청동일 가능성이 높다고 했는데, 여기 쓰인 주석을 구리-주석 합금인 청동으로 볼 수도 있고, 글자 그대로 주석으로 볼 수도 있긴 하다. 필자는 청동을 의미할 가능성이 높다고 보는데, 그 이유는 주석만으로 도끼를 만드는 것은 실용성이 없기 때문이다. 주석 자체는 약하기도 하고, 온도가 낮아져서 13도 이하가 되면 구조가 바뀌면서 쉽게 가루가 된다. 나폴레옹 군대가 러시아를 공격했을 때 겨울이 되면서 군복의 주석 단추가 다 망가져 옷을 여미지 못해 추위에 노출된 프랑스 병사들이 정상적인 전투력을 발휘하지 못한 것이 전쟁에서 진 원인의 하나라는 이야기가 전해지고 있을 정도이다. 다만, 신에게 바치는 상징적인 도구라면 매우 비싼 재료인 주석으로 만들 수도 있어서 주석 도끼의 가능성이 전혀 없는 것은 아니다.

한 청동 도구들을 회수해 녹여서 새로운 제품을 만들었을 가능성이 높다. 특히 철기 시대가 본격화되어 값싸고 우수한 철제 도구들이 보급된 이후에는 더 이상 사용할 필요가 없어진 청동기 도구들은 회수되어 도구가 아닌 고급 장식재나 상징적인 물건들로 만들어졌을 것이다. 예를 들어서 지금 남아 있는 통일신라 시대 종들에 새겨진 명문(銘文)에 기록된 내용을 보면 상당수가 고동(古銅) 또는 고종동(古鐘銅)을 포함하고 있다고 적혀 있다.[염영하, 1991, pp. 39-41] 즉 기존에 사용되었던 청동기 또는 종을 녹여서 만들었다는 것이다.

이러한 과정에서 청동기 시대에 사용했던 도구들이 많이 사라졌을 것으로 보인다. 다시 말하면 청동기 시대에 사용되던 청동으로 만든 도구들이 덜 남아 있는 이유는 과거에 사용되었던 도구들이 새로운 청동 제품의 재료로 재활용되었기 때문일 가능성이 높다.

철 그리고 철기 시대

대부분의 고고학자들은 인류가 자연이 만든 구리는 사용할 수 있었지만 자연이 만든 철을 이용한 사례는 거의 없었다고 보고 있다. 그 이유는 두 가지로 생각할 수 있다. 먼저 철을 만들기 위해서는 구리보다 더 높은 온도가 필요하기 때문이다. 부록에 설명했지만 탄소가 도움을 주더라도 710도가 넘는 온도가 확보되어야 철이 만들어질 수 있다. 이 온도는 산불이 만들 수 있는 온도인 800도보다 낮기 때문에 철광석이 있는 지역에 큰 불이 나면 철이 만들어질 가능성은 있다. 하지만 이 정도의 온도로는 유의미한 성능을 낼 수 있는 철이 만들어지기 힘들기 때문에 산불이 철을 만들었을 가능성은 구리에 비해서 많이 낮다. 같은 이유로 지질학적인 영향으로 철이 만들어질 가능성도 구리에 비해서는 아주 낮다. 또 다른 이유는 철은 부식이 잘 되기 때문이다. 철이 우연히 만들어졌다고 하더라도 빠르게 산화되어 버리기 때문에 오래 남아 있지 못한다.

그런데 철은 다른 이유 덕분에 오래전부터 지표면에 금속 상태로 존재했다. 바로 운석이다. 철기 시대가 시작되기 전인 기원전 4500년경에 철의 가격이 금의 8배에 달했다고 하며[지로도 저, 송기형 역, 2016], 이 당시부터 기원전 2000년 이전에 사용한 것으로 판단되는 철의 대부분은 하늘에서 떨어진 운석에서 온 것(운석철, meteorite iron)[20]이었다고 한다. 철을 영어로 iron이라고 하는데 그 의미가 하늘에서 왔다는 뜻이라는 보고들도 많다고 한다.[권오준, 2020] 이는 고대에 인류가 철을 하늘에서 온 금속으로 인식했다는 것이다. 이 철은 니켈이 많이 들어 있는데 현대의 스테인리스강처럼 부식 속도가 늦어서 자연 속에 상당 기간 남아 있을 수 있었기 때문에 인류에게 발견되어 활용될 수 있었다.

그러나 인류가 철이 만들어지는 것이 아니고 하늘에서 내려오는 것이라고 생각했다는 것은, 인류가 철 제련을 자연에서 배우거나 아이디어를 얻을 가능성이 낮았다는 의미이다. 그래서 좋은 품질의 청동이 잘 만들어지고 있던 시기에 왜 그리고 어떻게 하늘에서 오는 금속인 철을 인간이 만들기 위해 제련을 시작하게 되었는지 설명하는 것이 쉽지 않다. 특히 철을 제대로 만들

---

20 운석철은 구성 성분에 니켈이 매우 많다. 이에 비해서 과거에 인류가 제련해서 만들었거나 산불로 만들어진 철은 니켈이 거의 들어 있지 않다. 따라서 과거에 사용되었던 철의 성분을 분석하면 운석철인가의 여부는 쉽게 판단할 수 있다.

기 위해서는 적어도 1300도의 온도를 확보해야 하고 이 온도에서 만들어진 고체 상태의 철을 가공하는 것도 어렵다. 더구나 초기에 만들어진 철의 강도는 같은 시기에 만들어지던 청동과 비슷한 정도여서 이런 상황들로 보면 어려움을 극복하면서 굳이 철을 만들 이유가 없어 보인다.

그런데 기원전 2000년부터 철기 시대로 접어들기 시작한 기원전 1500년 사이의 기간에 여러 유적지에서 운석철이 아닌 철이 종종 발견된다. 이 유물들은 철만 나오기도 하지만 철과 구리가 같이 나오는 예도 많다. 이 책의 서론에서 언급했던 BUMA-V 학술대회의 기조 강연에서 마딘 교수는 이러한 발굴 결과들을 설명하면서 제련 기술적 측면에서 철 제련의 시작에 대한 가능성 높은 가설을 제시한다. 그 내용을 요약하면 다음과 같다.[Maddin, 2002]

청동기 시대가 성숙기에 들어선 기원전 2000년에는 철산화물이나 철황화물이 포함된 구리황화물 광석을 제련해서 구리를 만들었다. 당시는 제련 온도가 1100도를 넘었기 때문에 구리는 액체 상태로 얻을 수 있었고 슬래그 (slag)와 쉽게 분리되었다. 그런데 이때의 제련 조건을 분석해 보면 구리가 환원될 때 철도 같이 환원될 수 있는 조건이 되었기 때문에 철이 종종 만들어졌다. 다만 이때 만들어진 철은 스펀지처럼 구멍이 숭숭하고 그 구멍을 슬래그가 채우고 있었다. 이렇게 금속과 슬래그가 섞여 있으면 단조 과정에서 철이 조각조각 나기 때문에 사용할 수 없는데, 이것을 1150도 이상의 온도에 두면 슬래그가 액상으로 바뀌고, 이 상태에서 단조를 하면 슬래그가 빠져나가면서 철을 얻을 수 있었다. 이 경험에서 발전해서 철기를 제련하고 가공할 수 있게 되었다.

이 내용을 이해하기 위해서 먼저 구리 광석의 변화를 알아야 한다. 앞에서도 설명했지만 제련하기 좋은 구리 광석은 산화광(Cu_2O)이나 가열하면 산화광으로 바뀌는 탄산구리 또는 수산화구리($CuCO_3$, $Cu(OH)_2$)이다. 그런데 청동기 시대가 본격적으로 시작되기도 전에 인근에서 나는 산화광은 대부분 고갈되어 황과 구리의 화합물인 황화물 광석을 사용하기 시작했다. 그리고 황화물 중에서도 구리의 함유량이 높은 휘동석(chalcocite, Cu_2S)도 초기에 많이 사용해 버려서 후기에는 황동광(chalcopyrite, $CuFeS_2$)을 주로 사용할 수밖에 없었다. 황화물의 황 성분은 처음에는 제련하기 어려웠지만, 미리 도가니에 넣고 대기 중에서 온도를 올려 주면 산소가 구리 및 황과 반응하는 과정을 통해서 황은 제거되고 광석은 산화물로 바꿀 수 있다. 이 산화물을 기존의 방법으로 제련하면 되기 때문에 황화광을 제련하는 것은 조금 더 번거롭기는 하지만 큰 문제는 아니었다.

마딘 교수는 이 과정에서 광석 속의 철이 어떻게 변화하는가를 분석했다. 광석 속의 철 성분이 제련 과정에서 철로 환원될 가능성은 항상 존재한다. 다만, 높지 않은 온도에서는 구리가 훨씬 더 쉽게 환원되기 때문에 구리가 다 환원되기 전에 철의 환원은 거의 일어나지 않는다. 따라서 구리를 얻고 난 다음에도 철 산화물은 다른 성분들과 함께 슬래그로 불리는 찌꺼기로 남는다. 그런데 청동기 시대 후반으로 가면서 연료가 개선되고, 송풍 방법이 좋아지면서 노의 온도가 높아지자 상황이 달라진다. 당시 송풍 방법은 공기를 발로 불어 넣는 방법을 썼는데, 이 방법으로는 공기가 일정하게 들어갈 수는 없고, 많았다 적었다 하는 변동이 생긴다. 그런 중에 어쩌다 공기가 아주 많이 들어가게 되면 제련로의 온도가 올라가고, 산소량도 충분해져 철이 환원될 수 있는 조건이 만들지면서 인류는 철을 구리와 함께 얻게 된 것이다. 다시 말해 제련 온도가 전체적으로 상승하면서 구리와 함께 철이 만들어지기 시작했다.

이렇게 구리 제련 과정에서 철을 얻은 경험이 있었기 때문에 철을 만들 필요가 생기면 본격적인 철 제련이 가능했다는 것이다. 그리고 마던 교수는 이러한 기술적인 측면에서 본 해석에 더해서, 초기에 철기를 만들기 시작한 지역이 구리 제련이 활발한 지역이었다는 것도 그 근거의 하나로 제시했다.[Maddin, 2002]

다음으로는 철이 만들어진 필요성에 대해서 알아보자. 메소포타미아 지역에 대한 분석 결과, 철기 시대가 시작되던 시점의 철은 청동에 비해서 강도에 큰 차이가 없었다.[Muhly, 1988] 게다가 청동은 주조나 단조 등 가공이 쉬운 데 반해 철은 가공이 어려웠다. 이런 상황에서 왜 철기 시대로 넘어갔는가에 대해서 크게 세 가지 의견으로 나뉜다. 하나는 철이 청동보다 성질이 우수하기 때문에 당연히 철기 시대로 전환되었다는 것이고, 두 번째는 청동을 만들 수 있는 주석의 공급이 부족해지면서 우수한 청동을 만들 수 없어서 철기로 넘어가게 되었다는 주장, 마지막으로는 청동과 철을 같이 만들었지만 철광석이 구하기 쉬워서 철 생산량이 늘어나게 되고, 그 결과 철기가 문명의 주도적인 도구로 자리 잡게 되었다는 주장이다.

필자는 이 중에서 세 번째가 가장 타당하다고 생각된다. 앞에서도 이야기했지만 철기 시대가 시작된 이후에도 청동의 생산이나 청동기 제작은 계속되었다. 그리고 철기 시대 초기에는 청동기와 철기의 우열을 가리기가 쉽지 않았다는 것은 당시 사용된 유물에 대한 분석에서 어느 지역에서나 공통적으로 나타난다.

예를 들어서 중국의 사례를 살펴보자.

중국에서 철 만들기의 시작 시기는 정확하지 않지만 기원전 8세기경으로 추측된다. 춘추 시대(기원전 770~403[21]) 제나라 환공(재위 기간: 기원전 685~643)의 명재상인 관중이 소금과 철의 국가 전매 제도를 도입하는 정책을 시행했고[박건주, 2012] 이 제도가 제나라를 부강하게 해서 제 환공이 춘추 오패(五覇) 중 첫 번째 패자(覇者)의 자리에 오르게 되는 큰 요인이 되었다고 한다. 이러한 제도가 도입될 정도면 제 환공 시절에 이미 어느 정도 이상의 철 생산이 진행되고 있었다고 보는 것이 타당할 것 같다. 그로부터 300년 이상 지난 춘추 시대 말기가 되면 철은 주로 농기구에 사용되었고 무기는 철과 청동이 같이 사용되었는데[Taylor et. al., 1988] 고급 무기는 청동으로 만들어졌다. 1965년 중국 후베이성에서 월왕 구천이 만들었다고 적혀 있어 '월왕구천검'이라 불리는 잘 만들어진 청동검이 발견되었다. 칼에 새겨진 이 기록이 정확하다면 이 칼은 월나라 왕 구천의 재위 기간(기원전 497~464) 중에 만들어졌을 것이고 당시의 청동 제조 및 가공 기술, 그리고 청동의 위상을 잘 보여 주는 증거라고 하겠다.

그 후 전국 시대(기원전 403~221)에는 제후국 간의 경쟁이나 전쟁이 치열해지고, 전쟁에 많은 병력을 동원하게 되면서 철에 대한 수요가 늘어나고 생산이 증가하게 된다. 이 과정에서 철 제련 및 제조 기술이 발전하고 철로 만든 무기가 많아진다. 전국 시대 연(燕)의 수도였고, 진(秦)에게 기원전 222년

---

21 춘추 시대에서 전국 시대로 넘어가는 시기에 대해서 여러 다른 의견들이 있다. 가장 빠른 것은 기원전 476년이고 기원전 403년이 가장 늦다. 어느 것을 선택하든 이후 논의에 큰 영향은 없다.

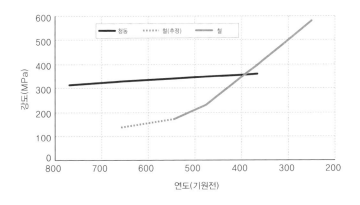

그림 4　중국 청동기-철기 전환기 청동기와 철기 유물의 강도 변화[Taylor, 1988]

함락되면서 파괴되었던 옌시아두(燕下都, Yanxiadu)에서 발굴된 무기를 분석해 보면 철제가 65.8%, 청동제가 32.5%이며, 청동은 대부분 쇠뇌의 화살촉 (crossbow bolt)과 같은 것들이어서 무기의 중심이 철로 이동했다는 것을 알 수 있다. [Taylor et. al., 1988]

　이렇게 청동기와 철기가 공존하면서 청동기에서 철기로 변해 가는 과정 은 중국에서 출토된 청동기와 철기 유물의 인장 강도 측정 결과인 〈그림 4〉 를 보면 어느 정도 이해할 수 있을 것이다. 그림에 나와 있듯이 철기 시대 초기인 기원전 650년경에 제작된 철의 강도는 청동보다 아주 낮았다. 그리 고 월왕구천검이 만들어지는 기원전 480년 무렵의 철기의 강도는 청동기의 2/3 정도에 지나지 않았기 때문에 왕의 칼은 당연히 더 좋은 재료인 청동을 사용해서 만들어야 했다. 철의 강도가 청동 수준에 도달하는 데 거의 300년 이상의 시간이 걸렸고, 전국 시대가 시작되는 기원전 400년쯤 되면 철기와 청동기의 강도 차이가 거의 없어진다. 사실 춘추 시대에는 철이 청동에 비해서 열악한 도구였지만 철은 많이 만들 수 있는 장점이 있었기 때문에 농기구 등에 대량 보급되기 시작했고, 고급 재료인 청동은 주로 무기를 만드는데 사용된 것이다.

전국 시대로 넘어가면서 높아지기 시작한 철의 강도는 기원전 300년이 되면 청동기보다 30% 이상 강해진다. 그리고 그 사이에 철제 도구나 무기 제작기술도 향상되면서 무기도 철이 중심이 되는 사회로 바뀐다. 중국에서 청동기 사회에서 청동기-철기 혼합사회를 거쳐서 철기 사회로 전환되는 데 400년 정도 걸린 것으로 추산된다. 이렇게 긴 중복 기간은 다른 곳에서도 유사하게 나타난다. 중국보다 더 일찍 철기 사회가 시작된 유럽에서도 청동기 시대에서 철기 시대로 넘어가는 공존 시기의 문화로 알려진 할슈타트 문화(Hallstatt culture) 기간이 지역에 따라 차이가 있지만 대체로 400~600년이나 된다.[Forbes, 1964]

요약하면 본격적으로 철 제련이 시작되기 전에 인류는 운석철 그리고 구리 제련 과정의 부산물 등, 두 종류의 철을 사용했다. 그리고 철은 녹는 온도가 1500도가 넘기 때문에 당시의 기술로는 철을 녹일 수 없어서, 이 철들은 모두 고체 상태로 만들어졌고, 사용하기 위해서는 단조를 통한 가공이 필요했다. 다만, 철은 높은 온도에서 단조를 해야 하기 때문에 다른 금속에 비해서 가공에 어려움이 있었고, 그래서 사용 시점도 늦어졌다.

철광석을 사용한 제련을 한다면 1200도를 넘는 제련로에서 철을 만들 수는 있지만, 낮은 온도에서 만들어진 철은 품질이 그렇게 좋지 못하고, 철은 청동보다 가공이 어렵기 때문에 당시에 고도로 발전된 청동기에 비해서 경쟁력이 없었으며, 청동기를 대체할 정도의 좋은 품질을 얻기 위해서는 최소한 1300도[22]의 온도가 필요했다. 다시 말하면 철기 시대가 본격적으로 시작되기 위해서는 온도를 1300도 이상으로 올리는 기술이 필요했던 것이다. 이 정도로 높은 온도를 얻기 위해서는 품질 좋은 목탄을 써야만 했고, 제련로의 단열도 효과적으로 이루어져야 했다. 그리고 도가니에 공기를 불어 넣는 기술도 더 개발해야 했다. 이러한 노력의 결과, 빠른 곳에서는 기원전 1000년 전후에 청동에 비해 경쟁력 있는 철을 생산할 수 있었다.

철 제련에서 온도는 중요한 요소이고, 더 높은 온도는 더 좋은 철을 만들 수 있었기 때문에 제련로의 온도를 올리기 위한 노력은 계속되었다. 하지만 당시의 연료, 송풍 기술로는 작업 온도를 1300도 이상으로 더 올리기는 어려웠고 1500도 이상 높은 온도를 만들어서 제련 과정에서 액체 철을 만드는 것은 석탄을 사용하고 증기 기관을 채용해서 강력하게 송풍을 할 수 있었던 산업혁명 이후에야 가능한 일이다.

철기 시대에 들어와서 발전한 기술은 철에 들어가는 탄소의 양을 조절해서 철의 강도를 높이거나 녹는 온도를 낮추는 것이었다. 구리에 주석이 첨가되면서 강해지는 것처럼 철에 탄소가 들어가면 철이 단단해지고 강해진다. 특히 탄소가 0.03~1.7% 범위[23]로 들어 있는 철은 강하면서도 충격에

---

22 구리 900도, 철 1300도라는 이 온도들은 현대 제련 기술이 적용되는 온도보다 매우 낮다. 현대에 구리는 1250~1300도의 온도에서 만들고 철은 1600도 이상의 고온에서 만든다. 이 책에서 제시하는 온도는 인류가 청동이나 철로 그 당시에 사용되던 다른 재료보다 경쟁력을 갖는 도구를 만들 수 있는 수준의 품질을 갖는 청동이나 철을 만들 수 있는 온도를 추산한 것이다.

23 이 값은 철에 탄소만 들어 있을 때의 값이며, 다른 원소들이 들어가면 탄소 범위가 바뀔 수 있다. 또 강철의 상한과 하한 값에 대해서도 조금씩 다른 의견이 있다.

견디는 힘이 좋아서 특별히 강철(steel)이라고 부른다. 강철 범위 내에서도 탄소가 많을수록 강해진다.

철 속의 탄소가 강철의 범위보다 높으면 인성이 약해져서 충격에 깨지기 쉽다. 그래서 도구로 사용하는 것에 한계가 있다. 그런데 철의 탄소 농도가 높아지면 녹는 온도가 내려간다. 다른 성분이 별로 없는 순수한 철은 녹는 온도가 1500도를 넘지만, 탄소 농도가 2%이면 1400도 이하로 낮아진다. 철 속에 탄소 농도를 4.3%까지 높이면 녹는 온도가 1130도로 떨어진다. 이렇게 녹는 온도가 낮아지면, 주조를 할 수 있기 때문에 탄소 농도가 높은 철은 주조를 해서 사용한다는 의미에서 주철(cast steel)[24]이라고 부른다. 중국은 철기 문화의 시작은 늦었지만, 주철의 제조와 이를 사용한 주조는 서양보다 300년 정도 빨리 시작하면서[권해욱, 2007] 철기 사용 기술의 발전 속도가 빨라졌다.

철에 탄소가 들어가면 강해진다는 것을 과학적으로 이해한 것은 최근의 일이며, 그 이전에는 철 가공 장인들이 이러한 원리는 모르는 가운데 고온 단조 작업을 진행하는 과정에서 탄소가 조금씩 추가되면서 철의 강도가 높아진 것이다. 사실 '고온에서 단조 작업을 한다'는 것 자체가 어려운 작업이고 철이 가진 큰 단점의 하나이다. 고온 단조 작업이란 달군 철을 망치로 두드려서 2배 정도 늘린 다음 다시 숯불에 넣어서 달구고, 이를 접은 후 다시 두드려서 늘리고 다시 달구고 또 접고 하는 과정을 반복하는 것이다.

이때 철은 불이 활짝 핀 목탄 화로에 철을 한참 넣어 두는 방법으로 가열

---

24 주철의 탄소 농도는 1.7~6.7%로까지 넓게 잡을 수 있지만 많이 사용되는 탄소 농도는 3~4% 정도이므로 주철의 용해 온도는 1200~1300도 정도이다.

그림 5 대장간의 제련과 단조 작업(김홍도)

한다. 바로 이 가열 과정에서 철이 목탄과 고온에서 접촉하면서 목탄의 탄소가 철에 흡수되는 것이다. 탄소는 매번 가열할 때마다 들어가게 된다. 단원이 그린 〈그림 5〉를 보면 대장간에서 달군 철을 망치로 두드리는 단조 작업 모습이 그려져 있는데, 단조 작업자들 옆에는 철을 달굴 화로가 설치되어 있다.

철의 강도는 탄소 농도, 철 속의 불순물, 그리고 열처리 방법에 따라서 달라진다. 철의 탄소 농도는 만들 때 들어가는 탄소 양과 단조 작업의 반복 횟수와 숯불의 온도와 숯불에 넣어 두는 시간에 의해서 정해진다. 그리고 단조 작업을 할 때마다 철 속에 들어 있던 불순물이 제거된다. 그리고 마지막 단조 작업으로 원하는 형상을 만든 후 가열했다가 물에 넣어서 빠르게 냉각하는 과정에서 철이 강하게 변화한다. 이 과정은 탄소의 양, 그리고 광석에 함께 들어 있다가 철 속에 남게 된 다양한 다른 원소들의 영향을 받는데, 탄소를 포함해서 들어 있는 원소들의 양이 광석에 따라서 다르다 보니 단조 및 마지막 냉각 방법에 표준화된 최선의 방법이 있을 수 없었다. 그 대신, 각각의 대장간에서는 서로 다른 광석을 가지고 자신의 작업 환경에서 수많은 시행착오 끝에 찾아낸 독자적인 방법으로 철 도구를 제작했다.

다마스쿠스 칼의 재현이 어려운 이유는?

동양의 제철 기술이 좋았기 때문에 한국, 중국, 일본 모두 유명한 칼들이 있었다. 서양에서도 나라마다 신화나 이야기 속의 명검이 있었지만, 그중에서 다마스쿠스 칼은 실존했고, 수려한 물결무늬의 외양과 공중의 비단을 벨 수 있는 아주 날카롭고 강한 칼로 선망의 대상이었다. 십자군 전쟁에서 이 칼의 위력을 본 유럽인들은 다마스쿠스 칼 같은 성능의 칼을 만드는 비법을 알아내기 위해 계속 노력했지만 성공하지 못했고, 그 와중에 다마스쿠스 칼의 제조 자체가 중단되면서 제조법은 사라졌다. 현대에 들어와 각종 분석 기술이 발달하면서 유물로 남은 다마스쿠스 칼을 분석하고, 이를 바탕으로 많은 사람들이 이 칼이 좋은 이유를 이론적으로 설명하며 재현을 위해서 노력하고 있다.[권오준, 2020, pp.351-354] 종종 재현에 성공했다는 뉴스들이 나오지만 그 성공의 기준은 불명확하고, 실제 다마스쿠스 칼의 성능이나 외양을 그대로 재현할 가능성은 높지 않은 것 같다.

가능성이 높지 않은 이유는 그 칼을 만든 과거의 기술이 너무 높은 수준이어서 현대의 기술이 따라갈 수 없기 때문이 아니다. 사실 지금의 최신 이론과 장비들이 동원되어 만든 칼들이 강도나 내구성 등은 더 좋을 것이다. 다만, '재현'이라고 하는 말 속에는 당시의 기술로 그 성능을 얻어야 성공이라고 정의하고 있기 때문에 쉽지 않은 것이다. 어려운 이유는 칼의 성능과 무늬는 재료와 작업 과정의 수많은 변수들과 그 변수들의 복잡한 상호작용 속에서 결정되기 때문이다.

앞에서도 이야기했지만 과거에 단조 기술로 칼을 만들던 시절에는 최선의 결과를 만들어 내는 표준 방법에 따라서 작업한 것이 아니고 "각각의 작업장별로 시행착오 끝에 찾아낸 각자의 방법"으로 작업했다.

다마스쿠스 칼에 대해서 지금까지 알려진 사실은 다음과 같다. 칼의 내부 조직이 단단한 것(시멘타이트), 연한 것(페라이트), 그리고 강한 것(마그네타이트)이 잘 조합되어 있다는 것과 내부에 미세한 탄화물들이 규칙적으로 배열

되어서 강도를 더 높이고 있다는 것이다. 우선 재료인 철은 중동 지역이 아닌 인도에서 만든 우츠강(wootz steel)을 사용했다고 알려져 있다. 그리고 칼이 강하면서 날카로울 수 있었던 것은 강한 재료와 연한 재료를 번갈아 여러 겹으로 겹쳐 만들었고, 열처리 과정에서 칼 내부에 미세한 합금원소들의 탄화물 입자와 칼의 냉각 속도가 조합을 이루어서 세 개의 다른 조직이 조화를 이루기 때문이다. 그리고 합금 원소 중에 바나듐, 몰리브덴, 크롬, 니오븀, 그리고 망간이 중요한 역할을 한다.[Verhoeven, 2001] 냉각 과정에서 이 원소들이 만드는 탄화물들이 생기면서 강도를 높이고, 각 조직을 적절하게 만들어 준 것이다. 그런데 지금은 사라져서 알 수 없는 다마스쿠스 칼을 만드는 작업 과정(가열 온도, 단조 작업 횟수, 냉각 온도, 냉각을 위한 액체 종류 등)은 철저하게 재료인 우츠강에 특화된 것이다. 우츠강은 인도 남부 지역에서 나는 도가니 정련을 한 철의 통칭인데, 같은 우츠강도 광산에 따라서 성분이 조금씩 달랐을 것이고, 아마도 다마스쿠스 칼은 특정 광산에서 얻어진 광석으로 만든 우츠강을 사용하고 '많은 시행착오 끝에' 또는 '행운이 크게 작용해서' 좋은 칼을 만드는 제조법을 발견했을 것이다. 그런데 그 광산이 고갈되면서 다른 성분들이 들어간 새로운 광산의 광석으로 만든 우츠강을 재료로 사용했을 때 기존의 제조 방법으로는 더 이상 좋은 칼을 만들 수 없게 되었고, 결국 다마스쿠스 칼의 제조 방법은 사라지게 된다. 그리고 같은 이유로 그 이후 다마스쿠스 칼의 재현은 매우 어렵게 되었다.

불의 온도와 재료

불이 화로에 담기면서 불의 온도가 올라가기 시작했고, 높아지는 온도를 따라서 새로운 발명들이 진행된 결과, 인류의 역사는 바뀌게 된다.

인류는 불을 화로에 담아 쓰게 되면서 불이 흙을 단단하게 만드는 현상을 발견했으며, 점차 사용하는 불의 온도를 올려 가다가 드디어 기원전 14000년[25]에 600도가 넘는 불을 이용하여 초기 도기(토기)를 만들기 시작했다. 그 이후 어느 시점에 700도의 온도를 얻으면서 도기의 품질이 향상되었고, 계속 발전해서 높은 온도에서 견디는 도기를 만들 수 있게 되면서 기원전 5000년에 금을 소결해서 사용하기 시작했다. 구리는 좀 더 높은 온도와 기술이 필요했기 때문에, 기원전 4500년이 되어서야 산불이 만든 구리를 가공해서 사용하기 시작한다. 운석철은 가공이 어려워서 조금 더 늦은 시기에 사용되기 시작했다.

기원전 3500년에 800도의 작업 온도[26]를 확보하면서 구리 제련이 시작되었고, 인류는 금속을 만들어 사용하는 시대로 접어들었다. 기원전 2500년에 주석에 대한 제련을 시작하면서 주석이 10% 들어간 청동이 만들어졌다. 기원전 2000년에는 1000도를 확보하면서 주조된 청동 제품이 만들어지기 시작했고 이후 온도를 더 올릴 수 있게 되면서 고품질의 청동기가 만들어졌

---

25 정확하게는 기원전 14000년 정도라고 써야 하지만 복잡함을 피하기 위해서 '정도'를 생략했다. 이하 다른 연도를 표기할 때도 '정도'를 생략했다. 대체로 전후 200년 정도의 오차가 있을 수 있다. 온도도 정확한 값은 아니지만 실제 온도와 차이는 10~20도 정도로 크지는 않을 것이다.

26 금속을 제련하는 온도를 유지하는 것은 환원 반응에 따라 흡수되는 에너지를 추가로 공급해야 하기 때문에 도자기나 가공을 할 때 만들 수 있는 온도보다 더 어려운 일이다.

다. 그리고 이 시기에 금의 주조도 시작되었고, 도기를 만드는 기술도 획기적으로 발전하면서 각 지역에서 생산된 훌륭한 유물들이 아직도 많이 남아 있다.

기원전 1500년에 1300도의 온도를 확보하면서 철을 본격적으로 제련하기 시작했고 철기 시대로 진입한다. 이후 불의 온도를 유지하는 기술이 좋아지면서 동양에서는 기원후 10세기 이후부터 1300도 이상의 온도에서 자기를 구워낼 수 있게 되었다.

석탄 사용과 '신'철기 시대

그리고 산업혁명이 시작되면서 석탄의 사용과 강력한 송풍기 덕택에 1600도가 넘는 온도를 만들 수 있었고, 액체 철을 만들어 내고 강철을 만들기 시작했다. 이 과정을 좀 더 자세히 살펴보자.

나무와 목탄은 오랜 세월 동안 연료이자 금속을 만드는 환원제로서 중요한 역할을 했다. 그런데 인구가 늘어나고 생활 수준이 높아지면서 계속 수요가 늘어났고 숲은 점점 사라져 갔다. 숲은 사람들이 많이 사는 도시 주변부터 없어지기 시작했고, 목재는 점점 먼 곳에서부터 운송되어야 했는데, 나중에 사용하게 될 화석 연료에 비해 같은 열량을 내는 데 필요한 부피가 커서 운송에 어려움이 있었다. 그래서 유럽 같은 경우 빠른 곳은 13세기부터 연료 부족 문제가 심각해지기 시작했다. 예를 들어서 런던은 1200년에 인구가 2만이었는데 1340년에는 4만으로 늘어날 정도로 인구 증가 속도가 빨랐다. 나무가 부족해지자 뉴캐슬 지역에서 채광되는 바다 석탄(sea coal)이라는 저급한 석탄을 사용하기 시작했고, 이에 따른 심각한 공기 오염에 시달렸다. 이에 에드워드 1세(1272~1307)는 공기 오염을 완화시키기 위해 바다 석탄의 사용을 금지하기도 했다. 하지만 나무로 연료 수요를 충족하는 것은 불가능했기 때문에 바다 석탄은 계속 사용되었고, 결국 리처드 2세(1377~1399)는 이 석탄에 세금을 더 징수하면서 사용을 인정하는 것으로 후퇴했다.

그리고 늘어나는 철에 대한 수요도 자연 훼손을 촉진했다. 중세 시대에 철을 생산하려면 철 무게의 5배에 달하는 목탄이 사용되어야 했다. 그리고 당시 기술로 목탄을 얻기 위해서는 4배가 넘는 나무가 필요했으니 철 생산을 위해서 20배의 나무를 소비해야 된다는 것을 의미했다. 다시 말해 당시에 필요로 했던 철광석의 무게가 생산되는 철의 3배 정도인 것을 고려하면, 철 생산을 위해서 사용된 나무의 양이 무게로는 철광석의 7배이며 부피로는 40배 정도 되었다. 그래서 많은 철 제조 공장이 목재 운송에 들어가는 노력과 비용을 줄이기 위해서 광산 근처가 아닌 울창한 삼림 지역에 자리 잡는 사례가 많았다. 그리고 이 공장들은 철을 생산하면서 주위 삼림 지역의 목재들을 지속적으로 고갈시켰다.

이러한 문제 때문에 결국 석탄으로의 연료 전환은 피할 수 없는 일이었다. 석탄 사용이 이 시기에 시작되었던 것은 아니다. 기원전에 석탄으로 추정되는 연료를 사용했다는 고대 그리스 시대 기록이 있었다고 하고, 기원후 3세기 정도부터 중국에서는 '석탄'이라는 단어가 쓰였기 때문에 석탄이 사용되었을 것으로 추정되며 10세기 이후에는 유럽 여러 지역에서 사용되었다고 알려져 있다. 하지만 이러한 사용은 채굴하기 쉽거나 지상에 노출되어 있는 석탄을 일부 지역에서 사용한 것으로 보이며, 앞에서 언급한 뉴캐슬의 바다 석탄의 채굴은 연료로 사용하기 위한 목적으로 본격적인 생산을 시작한 것으로, 이를 상업용 석탄 생산의 초기형태로 볼 수 있다. 그 이후 석탄 생산이 늘어나면서 나무를 대체하는 연료로서 중요한 역할을 하게 된다. 그리고 석탄의 사용은 철의 생산에 큰 변화를 가져왔다.

석탄이 목탄보다 열량이 높고 비용도 저렴하기 때문에 철 제조업자들이 석탄으로 대체하고자 노력하였으나 문제가 하나 있었다. 기본적인 철 제조 방법이 철광석과 목탄을 번갈아서 층층이 쌓아 놓고 불을 붙인 다음 밑에서 공기를 불어 넣어 고온의 탄소 환경에서 철을 환원하는 것이다. 그런데 이 공정이 제대로 돌아가려면 바닥으로 들어간 공기가 쌓여 있는 광석과 연료 층을 통과해서 위로 빠져나가야 했다. 목탄과 덩어리 광석을 사용하면 공기가 잘 통했는데 목탄 대신 석탄 덩어리를 사용할 때는 두 가지 문제가 생겼다. 하나는 석탄 덩어리의 표면은 반응했지만 덩어리 내부에 있는 석탄은 잘 반응하지 않았다. 또 하나는 석탄 덩어리가 높은 온도를 견디지 못하고 파괴되면 석탄층이 무너지고, 이렇게 되면 공기가 잘 통하지 않아 환원 작업이 제대로 진행되지 않는다.

이 문제를 해결한 것이 더비(Abraham Darby)이다. 더비는 1709년 석탄을 가공해 코크스를 만들면서 이러한 문제를 해결했다. 석탄과 코크스의 관계는 나무와 목탄의 관계와 비슷하다. 석탄(특히 역청탄)을 산소를 차단한 상태로 용기에 넣고 외부에서 가열하면 석탄의 휘발 성분이 날아가고 일부 성분이 녹았다 굳으면서 다공성 탄소로 만들어진 단단한 코크스가 된다. 이렇게 석탄을 가공한 코크스를 사용함으로써 철 생산이 가능해졌다. 코크스는 철

제련에 목탄보다 더 적합했기 때문에 사용이 급격하게 확산되어 영국에서 1790년에 코크스로(coke oven)가 86개로 늘어난 데 반해서 목탄로는 25개에 머물러 있었으며, 1800년에는 제철소의 75%가 석탄 광산 주변에 들어서게 되었다고 한다.[권오준, 2020, pp.250-251] 그리고 코크스를 사용한 용광로에 와트의 증기 기관이 공기를 불어 넣는 역할을 하면서 코크스로의 대형화가 진행되었고 철 생산량은 더 크게 증가했다.

그리고 코크스를 사용하는 철 제련은 철 생산량의 증가뿐 아니라 철 제조 과정의 새로운 혁신을 가져왔다. 앞에서도 이야기했듯이 철은 용융온도가 매우 높아 목탄으로 만든 철은 고체 상태의 환원철이었고, 이 철을 망치로 단조 작업을 하고 불을 잘 피운 숯에 넣어 가열하는 과정을 반복하면서 탄소 농도를 제어해서 다양한 철제품을 만들었다. 그런데 목탄에 비해서 발열량이 높은 코크스를 사용하고, 또 증기 기관을 사용해서 대량의 공기를 빠르게 불어 넣음으로써 노 안의 온도가 상승하게 되었고 이러한 높은 온도에서 만들어진 철이 코크스와 접촉하면서 철의 탄소 농도가 높아졌다. 그런데 철의 탄소 농도가 높아지면 철의 녹는 온도가 낮아지기 때문에 코크스로에서 처음으로 액체 상태의 철을 만들 수 있게 된 것이다. 그때까지는 고체 철밖에 만들 수 없어 많은 불편이나 제약이 있었는데, 코크스로를 사용해 액체 철을 얻게 되면서 이를 기점으로 철 제련은 새로운 단계로 접어 들었고 쉽게 강철을 만들 수 있게 되었다.

과거의 제철법에서 만들어진 철은 탄소 농도가 낮아서 단조 과정에서 탄소를 추가해 주어야 했던 것과는 달리 코크스로에서 만들어진 액체 철은 탄소 농도가 포화 수준인 4% 가까이 되었기 때문에 강철로 만들기 위해서는 오히려 탄소를 제거해 주어야 했다. 이를 효과적으로 제거하기 위한 방법은 베세머(Henry Bessemer)가 개발했다.[27] 그는 1856년 많은 양의 산소를 불어 넣어서 탄소를 제거한 후 탄소 농도를 제어하는 제련법의 원리를 설명하는 논문을 발표했다. 그리고 1860년 이동형 전로(converter)를 개발하여 손쉽게 철의 탄소 농도를 제어함으로써 강철이 중심이 되는 새로운 철의 시대를 열었다. 철에서 탄소가 줄어들면 녹는 온도가 높아져서 녹았던 철이 굳을 수가 있다. 그런데 베세머의 아이디어는 전로에 불어 넣는 산소가 철 중의 탄소와 반응해서 연소하면서 발생하는 열로 전로 내 온도를 1600도 이상으로 올림으로써 낮은 탄소 농도의 철도 액체 상태로 유지되게끔 한 것이다. 이때 확립된 '용광로 제련 – 전로 정련'[28]은 현재까지 큰 틀을 유지하면서 철을 생산하고 있고, 이렇게 생산된 품질 좋은 강철은 19세기 말 이후 급격한 산업 및 문명 발전을 이끌고 있다.

불 전문가

이렇게 생산에 사용되는 불은 큰 규모와 높은 온도가 필요했기 때문에 전문가가 필요했다. 금속을 다루는 장인인 대장장이와 도기를 다루는 장인인

---

27 사실 베세머보다 1851년 미국의 켈리(William Kelly)가 먼저 전로를 개발했다. 하지만 켈리는 외부에 알리지 않았기 때문에 베세머는 켈리의 결과를 알지 못했고, 개발한 뒤 외부로 알렸기 때문에 베세머가 전로 개발자로 인정되어 왔다. 최근에는 켈리와 베세머가 각각 개발한 것으로 인정되고 있다.

28 여기서 제련은 철광석을 환원해서 탄소를 많이 포함하는 액체 철을 만드는 것을 의미하고, 정련은 탄소가 많이 들어간 용광로에서 만든 철에서 탄소를 제거하여 원하는 탄소 농도를 가진 철을 만드는 것을 의미한다. 현대에 와서는 탄소를 포함해서 철에 들어 있는 여러 불순물을 제거하는 것을 정련이라고 부른다.

도공이 대표적이다. 특히 금속을 다루는 대장장이는 중요한 존재였는데, 특히 금속을 만들고 가공하는 작업장의 운영도 쉽지 않은 일이었다.

금속을 만들기 위해서는 꼭 필요한 사람들이 있다. 우선 광산을 찾는 일이 쉽지 않은 일이라 전문가가 필요했고, 전문가에게 도움을 줄 수 있는 많은 탐색 작업자들이 필요했다. 광산을 찾으면 광산을 개발하고, 광산에서는 광석을 채굴해야 한다. 채굴 작업은 매우 힘든 일이고 많은 숫자의 노동자들이 필요했다. 또한 광산 노동자보다 더 많은 숫자의 벌목 작업자들이 필요했다. 그리고 광석과 나무를 운송하고, 숯을 만드는 과정에서도 많은 노동력이 필요했다. 제련을 해서 얻어진 금속은 가공 과정을 통해 각종 무기와 도구로 만들어지는데, 이것들은 국가 전체의 군사력이나 산업 생산을 유지하는 데 꼭 필요한 것들이었다. 따라서 금속을 만들고 가공하는 작업장을 운영하는 것은 국가의 운명이 걸려 있는 대규모의 사업이었다. 그리고 이 작업들 모두가 고도의 전문성을 필요로 했기 때문에 각 작업을 책임지는 전문가들은 잘 훈련된 중요한 인재들이었다.

동아시아 지역의 대장장이 역사와 신화를 연구한 강은해는 대장장이가 나라를 세웠다는 몽고나 돌궐의 신화, 쇠 다루는 능력을 인정받아서 왕위에 오른 석탈해 이야기, 그리고 각국의 신들에 대한 연구를 통해서 다음과 같이 서술하고 있다.[강은해, 2004]

샤먼이 자신의 몸을 떠나 하늘의 세계에 비상할 수 있는 존재이듯이 대장장이 역시 하나의 존재를 화학적으로 변화시켜 새로운 모습으로 변화하게 만들 수 있는 힘의 원천이라는 점에서 주술적인 샤먼과 등가적이다. 그런 능력 때문에 대장장이는 샤먼과 겹쳐지고 국가를 통어할 수 있는 솜씨를 지닌 존재라는 관념까지도 자연스럽게 불러일으킬 수 있게 되는 것이다.

대장장이가 중요했다는 것을 보여 주는 또 다른 예는 고대 그리스의 신 헤파이스토스(로마에서는 불카노스로 불렸다)이다. 대장장이인 헤파이스토스는 신들 중에서 유일하게 직업을 가지고 있다. 바다의 신 포세이돈이나 태양의 신 아폴론, 전쟁의 신 아테나 등 유명한 다른 신들에 비해서 잘 알려지지 않았는데, 사실 그는 그리스 신들의 왕인 제우스와 그의 정식 부인인 헤라의 사이에서 태어난 2명의 아들 중에서도 큰아들이고 미의 여신 비너스의 남편이기도 하다. 이것은 당시 대장장이의 위상이 상당히 높다는 것을 시사한다. 그리고 그리스는 각 폴리스마다 모시는 신이 달랐는데 대장장이들에게는 자신이 살고 있는 폴리스의 신이 아니라 헤파이스토스를 신으로 모시는 것이 허용되었다고 한다. 이는 대장장이들의 전문성을 인정해 주고, 어느 정도의 독자성을 허용한 증좌라고 생각된다.

동시에 헤파이스토스의 모습에서 당시 대장간의 열악한 작업 환경을 볼 수 있다. 그리스의 신들은 모두 완벽한 외모를 가지고 있는데, 헤파이스토스는 다리를 절었고 외모도 흉측했다고 알려져 있다. 앞에서 인용한 강은해의 연구에서도 수집된 각 나라에서 대장장이를 상징하는 신들이 대부분 외팔, 외다리, 또는 외눈 등으로 묘사되어 있다고 서술하고 있다. 그 이유는 〈그림 5〉의 대장간 그림에서 추측할 수 있다. 대장간이 위험한 일을 하는 곳임에도 작업자들은 안전에 대한 대책 없이 거의 평상복으로 위험한 작업을 하고 있다. 결국 동서양의 모든 대장장이들이 고온의 위험한 물질이나 유해한 물질에 무방비로 노출되어 있으니 산업재해나 유해물질에 의한 질병에 취약했던 것이다. 대장장이들은 이러한 위험 속에서도 계속되는 기술 개발을 통해서 인류 문명의 발전을 이끌었다.

재료와 문명 발전

지금까지 설명한 대로 불 기술이 발전하면서 청동기와 철기가 만들어졌고, 이에 따라서 석기 시대에서 청동기 시대로 다시 철기 시대로 변화했다. 여기에 사용되는 재료의 이름, 즉 돌, 청동, 그리고 철은 각 시대에 여러 가지 용도로 사용되었다. 물론 그 시대에 그 재료만 사용된 것은 아니지만 중요한 것은 무기와 도구가 어떤 재료로 만들어졌는가, 특히 무기와 도구 중에서도 힘이 작용하는 부분의 재료가 무엇으로 만들어졌는가가 중요하다. 그리고 문명은 지속적으로 발전하긴 했지만 특히 기본이 되는 재료가 변할 때마다 문명은 크게 발전했다. 그러면 왜 이 재료들이 문명을 크게 변화시킬 수 있었는지 알아보자.

사실 위 재료들이 각각 그 시대에 가장 많이 사용된 재료가 아닐 수도 있다. 아마도 사용량이나 중요성으로 보면 '나무'가 인류 역사 내내 가장 많이 사용된 재료였을 것이다.[주경철 등, 2020, p. 176] 현재도 연료로 사용되고 있는 나무를 제외하더라도 목재는 건축이나 가구, 도구 등에 다양하게 이용되고 있어서 연간 사용량이 철과 유사한 수준으로 중요한 기여를 하고 있고, 과거에는 더 중요한 역할을 했다. 재료가 문명의 발전에 미치는 영향을 재료의 성질과 목재를 획득하는 과정을 통해서 살펴보자.

과거에 목재를 획득할 수 있는 중요한 수단이 도끼였다. 그리고 도끼가 목재를 생산할 수 있는 능력은 도끼머리 부분에 어떤 재료가 사용되었는가에 달려 있었다. 도끼머리 부분에 사용된 재료는 돌, 구리-비소 합금, 청동, 철, 그리고 강철로 변화해 갔는데. 이 재료들의 강도를 살펴보면 아래와 같다.

돌은 종류가 다양하며 제작하는 것이 아니고 자연에서 얻는 것이기 때문에 편차가 크며 10~150MPa 정도의 범위를 갖는다. 석기 시대 돌도끼에는 돌 중에서도 강한 편마암이나 현무암 등이 사용되었기 때문에 돌도끼용 돌의 강도는 100~150MPa 정도로 예상할 수 있다. 구리-비소 합금은 200MPa 정도의 강도를 가지며, 청동은 〈그림 4〉에서 볼 수 있는 바와 같이 300~400MPa 정도의 값을 가졌으며, 철은 철기 시대 초기에는 청동과 유사한 강도를 가졌으며, 후기로 가면 성질이 개선되면서 800MPa 정도의 강도를 가지게 된다. 19세기 후반에 개발된 강철의 강도는 이보다 훨씬 커서, 최근에는 2GPa(=2,000MPa) 이상의 강철도 만들어질 정도로 성질이 향상되고 있다.

한편 도끼 작업의 대상인 나무도 상당히 강한 재료이다. 앞에서 설명했지만 주로 침엽수인 연질 목재는 50MPa 정도의 값을 가지며 활엽수인 경질 목재는 이보다 강한 100MPa 정도이고, 일부 이보다 큰 강도를 갖는 것(예를 들어 참나무, oak)도 있다. 도끼가 나무에 힘을 가하면 도끼도 같은 힘을 받는다. 이 말은 경질 목재를 얻기 위해서 벌목을 하려면 나무에 100MPa 이상의 힘을 가해야 하는데 이때 도끼의 머리 부분도 같은 힘을 받는다는 뜻이다. 그리고 목재의 특성을 보면 한 번의 힘으로 부러지는 것이 아니고 그 힘을 여러 번 가해야 한다.

따라서 강도가 나무에 비해서 크게 차이가 나지 않는 돌도끼로 나무를 벌목하고 가공하여 목재를 만드는 것은 많은 돌도끼를 소비해야 하는 일이었을 것이다. 결국 석기 시대에는 인류가 돌도끼를 사용해서 큰 경질 나무를 벌목해서 목재로 만드는 것은 거의 불가능했고, 상대적으로 약한 나무들을 벌목해서 사용하는 것이 일상적이었을 것이다. 그래서 석기 시대 인류는 연료나 일부 작은 목재를 사용하긴 했겠지만, 힘을 많이 받는 제대로 된 건물이나 배 등을 만드는 것은 거의 불가능했을 것이다.

구리-비소 합금은 경질 목재보다 2배, 연질 목재보다 4배의 강도를 가지기 때문에 도끼 재료의 파괴가 일어나기 전에 나무를 벌목할 수 있다. 그런데 재료는 자신의 강도보다 낮은 힘을 받더라도 여러 번 받으면 파괴가 일어난다. 이 현상을 피로파괴(fatigue failure)라고 한다. 그래서 많이 사용하면 피로파괴가 일어나며, 그에 따라 도구의 수명이 존재하게 된다. 그렇다고 피로파괴 현상이 항상 일어나는 것은 아니고 재료에 걸리는 힘이 파괴한도 (fatigue limit)라는 값보다 적으면 파괴가 일어나지 않는 현상이 일어난다. 그리고 금속재료의 파괴한도는 보통 인장 강도의 1/3~1/4 정도이다. 따라서 구리-비소 합금으로 연질 목재는 상당량 벌목할 수 있지만 경질 목재는 도끼날로 벌목할 수 있는 목재의 수량이 제한된다. 강도가 더 강해진 청동으로 만든 도끼는 더 많은 경질 목재를 만들어 낼 수 있다. 그리고 도끼날이 부러져도 녹여서 다시 만들 수 있었기 때문에 목재 생산 능력이 많이 늘었고, 이를 활용한 건축물이나 배를 만드는 것이 가능했다. 그리고 금속은 돌과 달리 다양한 형상의 도구를 만들 수 있었고 이들도 같은 원리로 많은 일을 할 수 있었기 때문에 청동기 시대로 들어가면서 이른바 고대 문명들이 형성된다. 다만, 청동의 원료인 구리나 주석이 지구상에 보편적으로 존재하는 자원이 아니어서 문명 발생이 많은 지역에서 일어나지 못했고, 청동기 자원을 독점할 수 있었던 일부 지역과 세력에 편중되었다.

그런데 철기 시대가 되면서 상황이 많이 바뀌게 된다. 우선 철은 강도가 커서 파괴한도도 나무의 강도보다 훨씬 높기 때문에 철로 만든 도끼는 나무를 베는 과정에서 도끼날이 파괴될 일이 거의 없어 한 개의 도끼로 많은 나무를 벌목할 수 있다. 그리고 철은 지표면에 광범위하게 존재하고 있고, 광산도 매우 많아 철 도끼를 많이 만들 수 있었다. 이러한 철 도끼의 광범위한 보급은 목재의 획득량을 급격하게 증대시키게 되었고 목재, 특히 경질 목재를 활용한 건축물이나 선박의 발전이 청동기 시대와는 비교할 수 없을 정도로 급속하게 진행될 수 있었다. 그리고 여러 지역에서 철광석을 얻고 철을 만들수 있어 철기 시대로 접어들면서 여러 지역에서 문명이 발전하게 되었다.

석기, 청동기, 그리고 철기로의 발전 외에도 각각의 시기에 시간이 지나갈수록 기술의 발전에 따라 청동이나 철이 더 좋아졌고, 이를 사용해서 갈수록 더 좋은 도구를 만들 수 있게 되었다. 또 도구도 새롭게 개량되었다. 예를 들어서 도끼는 톱이나 전기톱으로 변화하면서 나무를 베는 일이 더 쉬워졌다. 이러한 발전은 목재의 공급을 계속 늘릴 수 있었고, 도끼뿐 아니라 모든 도구와 무기에 적용되면서 더 좋은 도구와 무기가 계속 만들어지게 되었다. 이렇게 재료의 발전이 도구의 발전을 낳고, 그 도구가 또 발전하면서 지속적으로 문명의 발전과 확대에 큰 영향을 미쳤으며, 이러한 움직임은 현대에 와서도 지속되고 있다.

예를 들어서 19세기 후반에 만들어진 철의 다른 형태인 강철의 영향을 살펴보자. 철기 시대는 영어로 'Iron Age'라고 부르는데 이 iron은 보통 철광석에서 바로 만든 탄소나 불순물을 많이 섞인 철을 의미했다. 그에 비해 강철(steel)은 철(iron)을 정련해서 불순물을 제거하고 탄소의 농도를 용도에 맞춰 조절한 철이다. 강철은 강도는 그 전에 사용되던 철의 2배 이상이면서 유연성도 있어 강철이 제조되기 시작한 이후 기존의 인류 역사에서 볼 수 없었던 문명의 급격한 발전이 이루어졌다.

각 시대에 가장 높았던 건축물의 변화를 보면 강철의 위력을 쉽게 이해할 수 있다. 돌로 만든 이집트 기자 지역의 쿠푸왕 대피라미드가 높이 146m로 지어진 후 오랜 기간 동안 가장 높은 건축물이었는데 19세기 후반부터 서양에서 더 높은 성당들이 건축되기 시작하였다. 이 건축물들의 높이는 150~160m 정도로 힘을 받는 모든 부분은 돌과 벽돌을 사용해서 만들어졌다. 이 시기까지 만들어진 철은 내구성이 약해서 오랫동안 큰 힘을 지탱해야 하는 건축물의 힘을 받는 곳에 사용될 수 없었다. 그러다가 1889년 에펠이 선철을 정련한 강철의 일종인 연철을 사용해서 높이 300m의 에펠탑을 세움으로써 가장 높은 건축물의 높이가 획기적으로 높아졌다. 그 이후 지구상에 가장 높은 건축물은 모두 강철을 활용하여 만들어지게 된다. 특히 철근 콘크리트로 만들어진 엠파이어스테이트 빌딩(381m)부터는 철을 사용해서 구조를 튼튼하게 만들 수 있게 되면서 건물 내부에 공간을 많이 만들 수 있었다. 엠파이어스테이트 빌딩 이후에는 사람이 일상적으로 이용하는 건축물이 지구상에서 가장 높은 건축물이 되었다.[29] 건축물 외에도 현재 만들

---

29 1885년 만들어진 워싱턴기념탑이 170m로 에펠탑 이전에 가장 높은 건축물이었다. 건축물이라고 하지만 워싱턴 국립묘지에 만들어진 기념탑이었고, 그 이전의 높은 건축물들도 주로 성당의 첨탑

어지고 사용되고 있는 대형 선박, 교통 수단이나 각종 기계들이 모두 강철의 특성을 최대한 활용한 것으로 강철이 없었다면 다 가능하지 않은 것들이다. 이런 것을 생각하면 필자는 강철의 대량 생산이 사회 발전을 급속하게 가속시켰기 때문에, 나중에 역사가들은 전로 개발 이후를 기존의 철기 시대와 구분해서 '신'철기 시대(New iron age) 또는 강철 시대(steel age)로 부를 것이라고 믿는다.

이었다. 에펠탑이 만들어진 후에는 강철이 힘을 지탱하는 건축물이 가장 높은 건축물의 기록을 계속 세웠다. 그러나 하나의 예외가 있는데 1930년에 건축되어 1년간 세계에서 가장 높은 건축물이었던 크라이슬러 빌딩(319m)이다. 이 빌딩은 벽돌로 지어졌으면서 사람이 이용하고 있는 건축물로 현재도 사용되고 있다. 다만 벽돌로 만들었기 때문에 힘을 받는 기둥이 차지하는 면적이 크고, 그 결과 외부 크기에 비해서 내부에 사용 가능한 면적이 작은 단점이 있다. 엠파이어스테이트 빌딩은 철근 콘크리트로 만들어졌지만, 그 이후 만들어진 세계에서 가장 높은 건축물들은 모두 철골을 이용한 구조이다. 2022년 현재 세계에서 가장 높은 건축물은 두바이에 있는 부르즈 할리파(828m)이다.

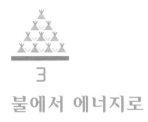

3

불에서 에너지로

대포

1453년 5월 29일 1,000년이 넘는 기간 동안 점령당한 적이 없었던 콘스탄티노폴리스가 오스만 제국에게 함락되고 세계 역사상 가장 오래 지속되었던 왕국인 동로마 제국이 멸망하게 되었다. 동로마 제국은 395년 동-서 로마 체제가 성립된 이후 부침이 있었지만 그 중심이었던 콘스탄티노폴리스는 7세기 말~8세기 초의 강력했던 이슬람 세력의 공격도 막아 낸 난공불락의 요새였다. 이 도시가 점령당하지 않은 것은 지형적인 이점과 고유의 무기 덕분으로 생각된다. 우선 콘스탄티노폴리스는 3면이 바다이고 다른 방향으로는 견고한 성벽을 세웠기 때문에 방어에 유리했다. 그리고 '그리스 불(Greek Fire)'이라고 불리는 불을 만들 수 있는 기술이 있었다. 그리스 불을 만드는 재료 구성이나 제조법은 당시에 소수만이 아는 기밀이었고 동로마 제국 멸망과 함께 제조법은 사라졌다. 그 후 많은 연구자들이 추적 연구한 결과 황, 초석, 나프타 등이 포함되어 있고, 여기에 알려지지 않은 성분이 포함되어 있을 것이라고 한다. 이 그리스 불은 당시 기술로 끄는 방법이 없어서 꺼지지 않는 불이라고 불렸다. 그리고 이 불을 멀리 쏘아 보낼 수 있는 일종의 화염방사기를 가지고 있었기 때문에 나무로 만든 배를 타고 벌이는 해전이나 성을 차지하려는 공성전에서 두려움의 대상이었고, 동로마 제국은 성을 지킬 수 있었다.

그러나 반전이 일어났다. 오스만 제국은 그들이 가져온 대포를 먼 곳에서 쏴서 성벽을 무너트림으로써 동로마 제국의 방어를 무력화시키고 성을 점령하는 데 성공했다. 이때 오스만 제국이 사용한 대포 하나가 당시까지 세계에서 가장 큰 대포인 우르반 대포이다. 포신이 8.2m이고 무게가 19톤에 달하던 이 대포는 만들기도 어려웠고 움직이는 것도 불편했지만, 무게 500kg에 달하는 직경 75cm의 돌을 1.6km 떨어진 곳까지 쏠 수 있었기 때문에 그리스 불 공격의 사정권 밖에서 포 사격을 통해 성벽을 무력화시킴으로써 콘스탄티노폴리스를 함락시켰다.

이 사건은 대포와 화약의 위력을 잘 보여 준다. 대포는 화약의 아주 급격한 연소 현상인 폭발로 생긴 열을 활용해서 포탄을 발사하는 장치이다. 화약은 9세기 중국에서 발명된 것으로 알려져 있고, 현재까지 남아 있는 가장 오래된 화기는 1970년에 발견된 '흑룡강 손 대포(Heilongjiang hand cannon)'로 1288년에 제작된 것으로 추정되는데, 11세기 그림에 화기를 사용하는 모습이 있는 것을 보면 11세기에 이미 사용되고 있었던 것으로 보인다. 그렇지만 중국이나 아시아 지역에서는 그 이후 대포에 대한 관심이 별로 없어서 더 이상의 기술 개발이 되지 않았는 데 비해서 유럽이나 아라비아는 14세기에 대포를 알게 되면서 많은 개량을 하게 되고, 결국 우르반 대포 같은 대형 무기를 만들고 실전에 사용했다.

불과 에너지

화약과 대포는 인류에게 불의 새로운 역할을 부여한 새로운 혁신의 시작이었다. 앞서 이야기했지만 대포는 불이 만드는 열을 이용해서 포탄을 멀리 날아가게 하는 장치이다. 이렇게 어떤 사물에 힘을 주어 움직이게 만드는 것을 과학에서는 '일(work)을 한다'고 표현한다. 그리고 일을 하게 만들 수 있는 능력을 '에너지(energy)'라고 표현한다. 그러면 화약이 만든 열은 포탄에게 일을 하도록 만들었기 때문에 에너지의 한 종류인 '열에너지'가 된다. 그리고 대포는 열에너지로 일을 할 수 있다는 것을 보여 주는 첫 번째 사례가 되고, 이를 통해서 열과 운동이 연결되어 일을 할 수 있는 새로운 방법이 제시된 것이다.

대포 이전에 불과 운동은 분리되어 있었다. 불을 이용하는 것은 불의 열에너지를 이용하는 것으로 제한되어 있었다. 불을 이용해서 만든 높은 온도나 불이 만든 열을 사용해서 재료를 만들고, 음식을 조리하며, 난방을 했다. 대포 이전에 사물을 움직일 수 있는 운동에너지는 사람이나 동물의 힘, 바람을 이용한 풍차, 그리고 물을 이용한 수차 등에서 얻었다.

증기 기관과 내연 기관의 발명

화약과 대포의 원리를 이용해서 일을 하기 위해서는 극복해야 할 것이 있었다. 그것은 화약의 폭발과 같이 순간적으로 발생하는 강력한 열을 통제해서 안전하게 일을 할 수 있는 방법을 찾는 것이었다. 많은 발명가들과 학자들이 이 문제의 해결을 위해서 노력했고, 그 결과 증기 기관[1]과 내연 기관이 발명되었고 개량되어 갔다. 이 과정에서 물리(운동)와 화학(열)이 결합된 새로운 학문인 물리화학(physical chemistry)이 생겨나고 발전했다.

증기를 이용하는 것은 열로 물을 가열해서 증기를 만들면 부피가 팽창되고 온도가 낮아지면 다시 물로 응축하는 과정을 반복하면서 일을 하는 것이다. 이에 관한 발상들을 실제로 구현하기 위한 여러 노력이 진행되고 발전해 가는 과정에서 1662년 보일(Robert Boyle)은 온도가 일정할 때 압력과 부피가 반비례한다는 법칙을 발표한다. 이 법칙은 압력이 높아졌다가 다시 낮아지는 과정에서 부피가 팽창하면서 일을 할 수 있다는 것을 보여 주며, 보일이 제시한 식을 이용해서 압력을 조절하면 시스템이 할 수 있는 일의 양을 예측할 수 있다. 이 법칙은 1705년 뉴커먼(Thomas Newcomen)이 상용화 수준에 도달한 증기 기관을 발명하는 것으로 이어졌으며, 1759년 제임스 와트(James Watt)에 의해서 실용성이 높은 증기 기관으로 개량되면서 산업혁명을 이끌게 된다.

그리고 1787년 샤를(Jacques Alexandre Cesar Charles)이 압력이 일정하면 온도와 부피가 비례한다는 샤를의 법칙을 발표했다. 그는 온도가 올라갈 때 부

---

1 증기 기관은 불로 물을 가열해서 만든 증기로 기관을 움직이기 때문에 대포와 다른 것 같지만, 발전 과정을 보면 화약의 폭발력을 활용하는 기관을 개발하는 과정에서 증기의 힘을 이용하는 것으로 바뀐 것이다. 1666년 하위헌스(Christian Huygens)는 화약의 폭발력을 이용해서 피스톤을 움직이는 장치를 만들었고, 그 후 1675년 파팽(Denis Papin)이 화약의 폭발 대신 증기를 사용해서 피스톤을 움직이는 증기 기관의 원리를 확립했다.[주경철 등, 2020, p.153]

피가 어떻게 변화하는지 수식으로 보여 주었으며, 이 식이 의미하는 것은 '열이 일을 할 수 있다'는 것을 계량화한 것이다. 이렇게 물리화학의 발전을 통해서 대포의 원리가 과학적으로 해석되었고, 이를 바탕으로 연구와 발명이 진행되면서 1876년 오토(Nikolaus August Otto)가 다임러(Gottieb Daimler), 마이바흐(Vilhelm Maybach)와 함께 가솔린 기관을 발명하고 1892년 디젤(Rudolf Diesel)이 디젤 기관을 발명하는 것으로 이어졌다.

증기 기관이나 내연 기관 모두 실린더와 그 내부에서 움직이는 피스톤을 활용해서 운동하는 구조인데, 이 실린더나 피스톤은 내부의 강한 압력에 버틸 수 있는 강한 재료로 만들어져야 하고 정교한 형상과 잘 마무리된 표면을 가져야 한다. 이러한 요구 조건은 대포에 요구되는 것과 동일하기 때문에 엔진을 만드는 과정에서 대포를 만드는 기술과 기술자들이 많은 기여를 했다.

이렇게 만들어진 엔진은 곳곳으로 확산하면서 사회의 생산력을 급격하게 높이게 된다. 광산에 흘러드는 물을 빼내기 위해서 뉴커먼 증기 기관이 처음으로 적용되었고, 와트의 증기 기관은 여러 공장에 적용되었는데 그중에는 철을 만드는 용광로에 공기를 불어 넣는 일도 포함되었다. 113쪽에서 설명했지만 이로 인해 용광로의 생산성이 획기적으로 늘어났고 이러한 철 생산량 증가는 산업혁명에 따라 급격하게 늘어나는 철에 대한 수요에 대응할 수 있었다. 이 외에도 증기 기관을 에너지원으로 채택하는 공장들이 늘어나면서 과거에 안정성이 떨어지는 자연력 에너지에 의존할 때보다 산업 생산력이 전체적으로 크게 증가되었다.

엔진은 늘어나는 생산품을 수송해야 하는 교통 기관에도 혁신을 가져왔다. 해상 교통은 바람을 이용하던 범선에서 증기 엔진을 거친 뒤 디젤 엔진을 채택하면서 배의 규모를 키우고 속도를 높일 수 있었다. 육상 교통도 마차에서 증기 자동차와 증기 기관차를 거쳐서 내연 기관을 사용하는 자동차로 진화했다. 이렇게 엔진이 다양한 분야에 적용되면서 유럽은 폭발적인 산업의 성장을 이루게 된다.

동서양의 역전

과거에는 동양이 서양에 비해서 기술이 앞섰다. 제련 전문가인 브레이(John L. Bray)는 그의 저서에서 중국의 철 제련 기술이 유럽보다 1,000년 정도 앞선다고 서술하고 있으며[Bray, 1982] 화약의 개발이나 자기의 생산, 몽골의 전쟁 능력 등을 보면 15세기까지는 불 기술이 앞선 동양이 서양에 비해서 기술, 산업, 그리고 군사 분야에서 우위에 있었던 것은 분명하다. 그러나 16세기 이후 200년간 유럽에서는 화약의 '폭발'이라는 위험한 불을 길들여서 기계 장치의 핵심인 엔진을 만들고 발전시켰으며, 이를 활용해서 산업이 획기적으로 발전했다. 그렇지만 이 시기에 동양에서는 화약에 대한 더 이상의 기술 개발이나 용도 확장이 거의 없었고, 그 결과 19세기에 이르러서는 유럽과 동양의 격차가 매우 커진다. 이렇게 위험한 불에 대한 대처의 차이가 19세기 말에 동서양이 군사적 대치를 하게 되었을 때 서양이 압도적인 우위에 서게 되었던 배경이라고 생각된다.

엔진의 확산으로 불에게는 일을 할 수 있는 에너지의 원천이라는 새로운 역할이 생겼다. 불이 화로에 담긴 이후 가정용과 전문가용으로 분화되었고 가정용 불도 많은 발전을 했지만, 여기서는 주로 전문가가 개발해 온 불의 역사 그리고 그에 따른 도자기와 금속의 발전에 대해서 이야기했다. 이 두 분야, 특히 금속 제조와 가공 기술의 발전은 문명의 발달에 아주 큰 영향을 미쳤다.

산업혁명 이후에 엔진들이 만들어지면서 불은 에너지의 원천이 되고 대부분의 산업 분야 그리고 각각의 교통 수단 등으로 그 사용 분야가 급격하게 넓어졌다. 다만, 불은 내연 기관 자동차의 엔진이나 발전소에서의 증기 발생기처럼 닫힌 공간에서 타오르게 되면서 눈에 보이지 않는 곳으로 숨기 시작했다. 하지만 모든 일을 할 수 있는 전기를 만들어 내는 불의 역할은 더 중요해지고 더 확대되어 간다.

4
보이지 않는 불―전기

이제는 전기와 전기가 불러온 문명에 대한 이야기를 하려고 한다. 전기는 눈에 보이지 않는 것이고 18세기까지 전기에 대한 지식도 거의 없었다. 그런데 전기에 대해서 어느 정도 이해하게 되고 이 지식을 바탕으로 볼타가 전지를 개발해서 안정적으로 전류를 흘릴 수 있게 된 지 불과 220년밖에 안 된 지금, 우리는 전기 없는 생활을 상상하기도 어려운 사회에 살고 있다. 이렇게 전기와 친해지게 될 때까지 인류가 전기를 이해하고 이용하게 되는 과정을 살펴보자.

전기 현상을 기록한 사람들

전기는 눈에 보이지는 않지만 그 영향을 느낄 수 있다. 우리가 일상생활 속에서 느낄 수 있는 전기의 영향은 정전기 현상에 따른 통증 또는 작은 불꽃, 번개, 그리고 일부 물고기가 내는 전기에 의한 충격 등 세 가지가 있다.
이러한 일상의 전기에 관한 기록으로 가장 오래된 것은 기원전 28세기에 이집트에서 "전기메기를 '나일의 천둥 신(Thunderer of the Nile)'이라면서 모든 다른 물고기의 수호자(protectors)"라고 한 것이다. 이 기록은 천둥과 전기메기의 전기 방출이 같은 현상이라고 생각했다는 것을 보여 준다. 또한 이집트인들은 환자의 통증을 완화시키기 위해서 어린 전기메기를 이용했다고 한다.[Renga, 2020] 이러한 기록을 보면 이집트에 살던 고대인들은 어느 정도 전기 현상을 인지했고, 또 전기를 사용하기도 했다는 것을 알 수 있다.

정전기는 흔한 현상이다. 어릴 때 플라스틱 책받침을 머리에 마찰시키면 머리카락이 책받침에 붙는 신기한 장난을 해 본 기억이 있을 것이다. 겨울에 여러 물체에 손을 가까이 하면 불꽃이 번쩍하면서 순간적인 충격을 받기도 하고, 사람들 사이에서도 악수하려고 할 때 정전기가 발생하기도 한다. 아마도 고대인들도 이러한 경험은 많았을 것이다. 다만, 실험과 함께 이 현상을 최초로 기록으로 남긴 사람은 기원전 6세기경 그리스의 철학자 탈레스(Thales of Miletus, B.C.624~546)라고 한다. 비록 그가 직접 남긴 기록은 없지만, 3세기 후에 디오게네스 라에르티오스Diogenes Laertius가 저술한 "위대한 철학자들의 생애Lives of Eminent Philosophers"에 다음과 같이 서술되어 있다고 한다.[Yamamoto, 2018]

> 아리스토텔레스와 히피아스가 확인한 대로 자석과 호박에 대한 논의를 통해서 탈레스는 무생물에도 영혼이나 생명을 부여했다.
>
> (Aristotle and Hippias affirm that, arguing from the magnet and from amber, [Thales] attributed a soul or life even to inanimate objects.)

비록 히피아스의 글도 남아 있지 않지만, 기원전 3세기에 저술된 아리스토텔레스의 글에 " '자석이 철을 움직인다(Magnet moves the iron)'는 이야기를 탈레스가 했다."고 되어 있는 것으로 보아서는 디오게네스의 저술이 신빙성이 있다고 볼 수 있다. 따라서 탈레스는 자석과 함께 호박이 마찰에 의해 생긴 정전기로 다른 물체를 잡아당기는 현상을 관찰하고 기술한 것으로 보인다.

사람들은 계속 정전기 현상이나 전기메기의 전기 효과를 경험했겠지만, 고대에 이루어진 이러한 기록 외에는 16세기에 이르기까지 전기에 대한 이해가 깊어지는 것을 보여 주는 기록이나 유물은 없었다. 이에 비해서 탈레스가 언급했던 자기 현상은 많은 관심을 받아서 관찰이나 응용을 위한 시도들이 진행되었다. 특히 11세기 또는 그 이전부터 중국에서는 나침반이 사용되기 시작했고 아라비아와 유럽으로 전파되어 13세기부터는 광범위하게 사용되었다. 나침반은 항해에서 아주 중요한 도구이므로 자기와 자기장에 대한 이해는 상당히 진행되었고, 나중에 진행되는 전기에 대한 이해에 많은 도움을 주었다. 나침반과 자석에 대한 이야기도 재미있는 주제이지만 이 책에서는 전기에 대한 내용에만 집중하도록 하겠다.

전기에 대한 이해와 피뢰침 그리고 전지

1600년에 길버트(William Gilbert)는 자신의 연구 결과와 생각을 모아서 전기와 자기에 대한 기념비적인 책(*On the Magnet and Magnetic bodies, and on that Great Magnet the Earth*)을 출판한다. 그는 이 책의 대부분을 자기, 나침반, 그리고 지자기의 연구에 대해 할애했고, 자기 분야의 발전에 큰 영향을 미쳐서 '자기의 아버지'로 불린다.

그런데 그는 이 책에서 자기에 대한 설명 외에도 자석이 자수정, 다이아몬드, 오팔 등의 보석이나 유리 등의 물질에는 반응하지 않는다는 것을 실험을 통해 입증하면서 이들이 일으키는 정전기 현상은 자기 현상과 다르다고 주장했으며, 전하를 저장하는 법에 대한 연구도 서술했다. 전기(electricity), 전기력(electric force), 자극(magnetic pole), 그리고 전기적 인력(electric attraction) 등의 용어가 이 책에서 처음 사용되었다.

이후 17세기와 18세기에 걸쳐 전기에 대한 연구가 조금씩 진전되어 서로 다른 두 종류의 전하가 있다는 것을 시작으로 많은 전기의 성질이 밝혀졌다. 이 과정에 큰 기여를 한 것이 게리케(Otto von Guericke)가 1663년 발명한, 회전하는 유황(나중에 유리로 바뀜)구를 활용한 일종의 정전기 발전기이다. 이 장치를 사용해서 전기를 만들어 낼 수 있게 됨으로써 여러 연구자들이 다양한 실험을 할 수 있었고 덕분에 많은 발견이 이루어졌다. 이를 통해서 구에 깃털을 대면 전하가 구에서 깃털로 전달된다는 것, 공기 중에서도 전기적 힘이 작용한다는 것, 두 물체가 접촉하기 직전에 스파크가 생길 수 있다는 것, 전하를 옮길 수 있는 도체와 옮기지 못하는 부도체가 존재하며, 도체는 먼 곳까지 전기를 잘 전달할 수 있다는 것 등 전기에 관련된 지식들이 하나씩 밝혀지게 된다. 그리고 1734년에 파이(Charles François de Cisternay du Fay)는 호박(amber)을 비단으로 문지르면 양전하가 생기고 유리를 울(wool)로 문지르면 음전하가 생기는데, 서로 다른 전하끼리는 인력이 생기고 같은 전하끼리는 척력이 발생한다는 것을 보여 주는 연구 결과를 발표한다. 이러한 이론을 바탕으로 유리병의 내부와 외부를 금속으로 코팅해서 전하를 저장할 수 있는 최초의 축전지인 라이덴병(Leyden jar)[1]이 만들어지면서 전기를 저장해서 사용하는 것이 가능해졌고, 전기 실험은 더 쉽게 할 수 있게 되었다.

이 라이덴병은 인류에게 큰 도움을 준, 전기에 대한 최초의 실용적인 제품의 개발에 활용되기도 한다. 이 발명은 전기를 사용하는 것이 아니고 전기를 피하는 것이었다. 미국 건국의 아버지들(Founding Fathers of U.S.) 중의 한 명이기도 한 프랭클린(Benjamin Franklin)은 운영하던 사업의 경영을 다른 사람에게 넘기고 1740년대부터 과학 연구에 몰두했다. 특히 그는 전기에 많은 관심을 가지고 여러 연구를 진행하다가 1740년대 말부터 번개나 벼락이 전기 현상이고, 벼락의 위험을 피하기 위해서는 금속 막대(피뢰침)를 사용하면 된다는 생각을 하게 되었다. 그러나 사람들이 이를 믿지 않자 이 생각을 증명하기 위해서 1752년 아들과 함께 연을 사용한 실험을 했다. 연에 충분히 물에 적신 삼베줄과 젖지 않게 보관한 비단줄을 매달고 높이 날린 후 비단줄은 손으로 잡고 삼베줄에는 철로 만든 열쇠를 매달았다. 그리고 연줄을 잡은 손에 어떤 충격이 느껴질 때, 열쇠에서 불꽃이 일어나는 것을 관찰하고 라이덴병에 전기를 담았다. 당시에 프랭클린 외에도 여러 사람이 번개나 벼락이 전기 현상이라는 생각을 하고 있었고, 프랭클린이 이를 실험으로 보여준 것이다. 그 이후 피뢰침을 설치하는 건물이 늘어나면서 건물과 사람이 벼락으로부터 보호받기 시작했고, 인류는 마음 놓고 고층 건물을 세울 수 있게 되었다.

18세기 후반에는 전기에 대한 새로운 연구들이 이어졌다. 갈바니(Luigi

---

1 라이덴병은 독일의 클라이스트(Ewald Georg von Kleist)와 네덜란드의 뮈셴브루크(Pieter van Musschenbroek)가 각각 1745년, 1746년에 만들었다. 라이덴병이라는 이름은 뮈셴브루크가 거주하던 도시 이름을 딴 것이라는 사실에서 알 수 있듯이 뮈셴브루크의 것이 더 많이 사용되었다.

Aloisio Galvani)는 전기가 동물 근육 움직임에 영향을 준다는 사실을 알아내고 다양한 실험을 하던 중, 외부에서 전기를 흘리지 않고 두 금속판을 동물의 근육에 연결했을 때에도 근육이 움직이는 현상을 발견하고 이를 동물이 전기를 만들어 내기 때문이라고 해석하며 '동물전기(animal electricity)'가 있다고 발표했다. 갈바니의 이 연구를 미래 발견의 기초가 될 "가장 아름답고 중요한 발명"이라고 칭찬했던 볼타(Alessandro Giuseppe Antonio Anastasio Volta)는 여러 실험을 진행하여 갈바니의 생각이 잘못되었고, 전기는 두 개의 서로 다른 금속판에서 생긴다는 '금속전기(metallic electricity)'론을 주장했고, 여러 실험을 통해서 이를 증명했다. 그리고 1799년 "구리판/전해질 액체/아연판"으로 구성되는 볼타 셀을 만들어서 전류를 만들어 낸다.[2] 이듬해 이 셀을 여러 개 조합해서 최초의 전기 배터리를 만들게 되는데, 이 배터리에서는 반응이 진행되는 한 전류가 계속 흐르기 때문에 전기를 상당 기간 안정적으로 얻을 수 있었다.

전기와 금속 만들기

전기는 금속을 만드는 기술에 새로운 혁신을 가져왔다. 전통적인 금속 제조법은 금속 광석에 포함된 화합물을 높은 온도에서 탄소의 도움으로 제거

---

2 당시에는 알려져 있지 않았지만 이 셀의 원리는 아연판과 액체 면에서 생긴 반응(아연이 아연 이온으로 변하는 반응)에서 전자가 생길 수 있고, 구리판과 용액 면에서 구리 이온이 구리가 되기 위해서 전자가 필요한데, 이 두 개를 금속선으로 연결해 주면 전자가 아연에서 구리로 이동하면서 두 개의 반응(아연이 아연 이온이 되는 반응과 구리 이온이 구리가 되는 반응)이 진행된다. 이때 생기는 전자의 이동으로 전류가 만들어지는 것이다.

함으로써 금속을 만들어 내는 건식제련이었다. 그런데 1807년 데비(Humphry Davy)는 볼타의 배터리를 이용해서 수산화칼륨(KOH)과 수산화나트륨(NaOH)을 전기 분해해서 각각 금속 상태의 칼륨(포타슘)과 나트륨(소듐)을 최초로 만들어 내는 것에 성공했다.

이 실험은 이후 재료의 발전에 큰 영향을 미쳤다. 74쪽에서 이야기했지만 인류는 18세기 중반까지 14개의 금속을 만들 수 있었다. 그리고 산소의 존재를 알게 되면서 흙이나 돌이 금속 산화물이며 산소를 분리하면 금속을 얻을 수 있다는 사실을 알았고, 18세기 후반에만 10개의 금속(망간, 몰리브덴, 텔루륨, 텅스텐, 우라늄, 지르코늄, 티타늄, 이트륨, 베릴륨, 크롬)을 더 만들어 낼 수 있었다. 그렇지만 19세기에 들어서서도 아직 만들어 내지 못한 금속들이 많이 있었는데, 가장 큰 이유는 대부분 산소와의 결합력이 너무 세서 분리가 어려운 금속이었기 때문이다. 예를 들어 데비가 만들어 낸 포타슘과 소듐은 금속 중에서도 산화물의 결합에너지가 아주 큰 편에 속하는 금속으로 탄소가 있어도 분해를 위해서는 매우 높은 온도가 필요한데, 두 금속은 너무 산화가 잘 되기 때문에 폭발의 위험성이 있어서 고온에서 다룰 수 없었다. 그래서 칼륨과 나트륨은 지금도 건식 제련으로 만들지 못하는 원소이다.

금속을 만들 때는 건식 제련이든 전기로를 사용하든 상관없이 산화물에서 산소를 떼어 내는 환원 반응이 일어나야 한다. 환원 반응을 진행시키기 위해서는 흡수되어야 할 엔탈피 값에 해당하는 에너지를 공급해야 한다. 건식 제련에 필요한 에너지를 열로 공급했다면 전기를 사용해서 금속을 만들기 위해서는 전기로 에너지를 공급하는 것이다. 데비의 성공으로 인류는 드디어 금속을 만드는 방법을 하나 더 알게 되었다. 그리고 데비는 같은 방법으로

1808년에 5개의 금속(보론, 마그네슘, 칼슘, 바륨, 스트론튬)을 더 발견하는 것에 성공한다. 물론 이 방법으로 기존에 만들었던 금속들도 다 만들 수 있다.

데비가 만들어 낸 소듐이나 포타슘은 산소와 화학 반응을 매우 잘하는 것들이어서 이 성질을 이용해서 다른 금속을 만들어 낼 수 있었다. 이 책의 앞부분에서 지각의 60%가 실리카(SiO_2)이고 15%가 알루미나(Al_2O_3)라고 이야기했다. 그런데 이 둘은 탄소 제련을 하더라도 높은 온도가 필요하고, 전기 제련의 시도도 실패를 거듭했다. 그러다 1824년 베르젤리우스(Jons Jacob Berzelius)가 실리카와 칼륨 조각을 함께 가열해서 실리콘을 얻는 데 성공했다. 이 반응을 식으로 보면 아래와 같이 실리카의 산소를 포타슘이 가져오면서 실리콘이 만들어진 것이다.

$$SiO_2 + 4K \rightarrow Si + 2K_2O$$

알루미늄 만들기는 더 어려웠다. 알루미늄 산화물인 알루미나는 소듐이나 포타슘과 혼합해도 분해되지 않았다. 그런데 1825년 외르스테드(H.C. Ostred)가 알루미나의 산소를 염소로 치환한 염화알루미늄을 만든 후 이를 칼륨과 같이 가열해서 알루미늄을 얻었다. 화학식으로 보면 다음과 같다.

$$Al_2O_3 + 3Cl_2 \rightarrow 2AlCl_3 + 1.5O_2$$
$$AlCl_3 + 3K \rightarrow Al + 3KCl$$

이렇게 다른 금속을 반응시키면서 어떤 금속을 얻는 방법을 치환법이라하고, 다른 금속을 얻게 만들어 주는 금속(위 식에서는 포타슘)을 환원제라고 부른다. 치환법은 금속을 만들 수 있는 간단한 방법으로 이후 여러 금속을 발견하는 데 사용되었다. 한 종류의 금속을 만들기 위해서 더 반응성이 좋은 다른 금속을 희생해야 하는 단점이 있긴 하지만 현재에도 알루미늄이나 마그네슘, 칼슘 등을 환원제로 사용해서 여러 금속을 만들고 있다. 그 관점에서 보면 앞에서 다루었던 고전적인 제련법을 환원제로 탄소를 사용하는 치환법의 하나라고 볼 수 있는 것이다.

전기와 일 그리고 불

외르스테드나 암페어 등 여러 연구자들은 배터리를 사용하는 중에 근처에 놓여 있던 나침반의 바늘이 남북이 아닌 다른 방향으로 정렬하는 것을 발견했고, 전원을 끄고 켜면서 달라지는 바늘의 움직임을 보고 전기와 자기가 상호작용하는 것을 알아냈다. 그 후 두 코일이 나란히 놓여 있을 때 한 코일에 전류를 변화시키면 다른 코일에 반대 방향의 전류가 생긴다는 전자기 유도법칙을 발견했고, 이어서 구리 코일에 자석을 통과시키면 전류가 생긴다는 사실도 알아냈다.

이러한 발견을 바탕으로 1834년 자코비(Moritz Jacobi)가 직류 모터를, 그리고 1888년 테슬라가 교류 유도 모터를 발명하게 된다. 모터의 발명은 우리가 전기를 써서 운동을 만들어 낼 수 있게 되었다는 것을 의미한다. 엔진으로 인해 불을 써서 일을 할 수 있게 되었듯이, 모터가 개발되면서 전기로 일을 할 수 있게 된 것이다.

그리고 1860년대에서 70년대를 걸쳐 지멘스(Ernst Werner von Siemens)나 그 람(Zenobe Theophile Gramme) 등이 다양한 발전기를 개발한다. 발전기는 모터와는 반대로 운동을 전기로 변환하는 장치이다. 발전기와 모터가 결합하면, 운동이 발전기를 통해서 전기를 만들고 그 전기가 모터를 통해서 일을 할 수 있게 된 것이다. 또한 전기는 송전선을 통해서 멀리 보낼 수 있기 때문에 전기를 만드는 발전소가 전기를 소비하는 소비자와 떨어져 있어도 되고, 한 개의 발전소에서 여러 소비자에게 전기를 나누어 줄 수 있다.

최초의 발전소는 1878년에 영국에서 건설되었다. 이 발전소는 수력을 이용해서 전기를 만드는 방식이었는데, 개인이 자신의 집에 전등을 밝히기 위해서 만든 것이었다. 공공을 위한 발전은 에디슨이 1882년 뉴욕을 포함한 세 곳에 발전소를 세우면서 시작되었다. 이 발전소들은 중앙 집중식 발전을 하는 현대적 개념의 발전소이다. 대표적으로 뉴욕의 펄 스트리트 발전소(Pearl street station)는 에디슨이 만든 백열전구를 설치한 소비자들에게 전기를 보냈다.

이처럼 에디슨이 세운 발전소의 또 다른 특징은 증기 기관을 사용해서 발전을 한 것이다. 즉, 불이 전기를 만들기 시작한 것이고 불-운동-전기로 연결되는 새로운 에너지 사용 방법이 정립된다. 뉴욕 발전소는 직류를 만들었고 수요자들은 전구를 밝히기 위해 전기를 사용했지만, 이후 교류 발전소의 건설과 교류 모터의 개발 및 사용에 따라 모터를 통해서 전기가 일을 하게 된다. 발전소를 통해서 전기가 만들어지고, 모터를 통해서 전기가 일을 할 수 있게 되면서 이제 인류에게는 불을 사용할 수 있는 또 다른 방법이 생기게 되었다.

교류인가 직류인가? 전기를 둘러싼 치열한 전쟁

　사람들이 밤을 밝히는 전구를 보고 전기에 매혹되면서 19세기 말 미국에서는 전기 산업이 급속하게 팽창했다. 이 과정에서 에디슨은 전구뿐만 아니라 발전, 송전, 그리고 모터를 비롯한 전기를 사용하는 많은 장치를 발명하고 여러 기업을 운영하면서 전기 산업의 확장을 선도했다. 그런데 당시 에디슨의 모든 사업은 직류 전기를 바탕으로 하고 있었다. 반면에 전기 시대가 시작되던 시기에 큰 기여를 한 또 다른 발명가인 테슬라는 직류 전기가 아닌 교류 전기를 사용해야 한다고 믿고 교류 발전기나 교류 모터 등 교류를 활용할 수 있는 전기 시스템들을 개발하고 있었다.

　테슬라는 유럽에서 교육을 받고 유럽 에디슨 회사에서 일하다가 뉴욕으로 와서 에디슨 전구 회사에서 연구원으로 근무하고 있었다. 그는 에디슨에게 교류의 장점을 설득했지만 에디슨은 교류를 인정하지 않고 직류를 고집했다. 이에 테슬라는 에디슨과 결별하고 독립하여 교류를 사용할 것을 설득하고 다녔다. 특히 직류 발전소 사업을 성공적으로 수행하고 있던 웨스팅하우스가 테슬라의 의견에 적극 동의하면서 테슬라를 고용하고 그의 교류 유도 모터 특허를 1888년 출원했다. 이 특허 출원을 계기로 직류와 교류의 전쟁이 시작된다.

　이후 에디슨과 웨스팅하우스, 또는 에디슨 종합 전기회사(Edison General Electric Company)[3]와 웨스팅하우스 전기회사(Westinghouse Electric and Manufactur-

---

3　1889년까지 에디슨은 여러 개의 회사를 가지고 있었고 모건(J.P. Morgan)과 반더빌트(Vanderbilt) 가문의 경제적 지원을 받아서 사업을 했다. 그러다 1889년 모건의 도움을 받아서 이 회사들을 하나

ing Company) 사이에 직류와 교류를 둘러싼 치열한 경쟁과 홍보 전쟁이 시작되었다. 에디슨은 개척자로서의 명성도 있었고, 선발 주자로서의 위상이 있어서 여론을 동원하거나 사업 규모에서도 유리한 위치를 가지고 있었다.

그러나 당시 직류에 비해서 교류는 쉽게 전압을 높이고 낮출 수 있는 장점이 있었다. 일반적으로 전선을 사용해서 전기를 송전할 때는 전선의 저항 때문에 전력의 손실이 생긴다. 다만 같은 전력을 보낼 때 전압이 높아지면 손실이 감소한다. 따라서 전압을 높여서 송전한 후 사용할 때 전압을 낮출 수 있는 교류가 직류에 비해서 송전 과정에서 전기 손실이 적은 장점이 있었다. 이 때문에 값싸게 만들 수 있는 곳에서 전기를 생산해서 멀리 있는 소비자에게 보내는 전기 생산-소비 과정에서 교류의 경쟁력이 더 높았기 때문에 에디슨의 노력에도 불구하고 교류를 채택하는 곳이 늘어났다. 그러자 에디슨은 점점 불리해지는 상황을 반전시키기 위해서 1890년 사형을 집행하는 전기의자를 교류를 사용하여 만드는 것을 제안하여 실현시키는 등 교류가 위험하다는 것을 보이기 위해서 비윤리적으로 보이는 노력들도 했다.

그러나 콜럼버스 기념 세계박람회(World's Columbian Exposition[4], 1893년 개최)의 조명과 전력 공급에 대해 두 회사가 경쟁 끝에, 1892년 웨스팅하우스 전기회사가 계약에 성공하면서 교류가 우위에 서게 되었다. 그리고 1893년 나이아가라 폭포를 이용하는 아담스(Adams) 발전소 공사계약을 다시 웨스팅하우스 전기회사가 따내면서 직류와 교류의 전쟁은 종료되었고, 이후 교류

로 모아 Edison General Electric Company를 만든다.

4 콜럼버스가 미국에 도착(1492년)한 지 400년 되는 것을 기념하는 박람회인데 보통 시카고 만국 박람회라고 더 알려져 있다. 1892년부터 준비에 착수했지만 실제 박람회는 1893년에 진행되었다.

발전 및 송전 방식이 전기 사용의 표준으로 확립되었다.

그리고 이렇게 직류가 패배하면서 타격을 받은 에디슨은 1892년 회사를 떠나게 되고 회사 이름도 에디슨이라는 단어가 없어진 GE(General Electric)로 바꾼다. 이후 GE는 직류 사업을 접고 적극적으로 교류 전기에 관련된 사업들을 진행했다. 비록 교류에 대한 일부 특허는 웨스팅하우스가 가지고 있긴 했지만, 전기가 관련된 산업이 급격하게 발전하면서 전체적인 시장 규모가 확장되었기 때문에 두 회사 모두 전기 시대를 선도하면서 발전했는데, 특히 GE는 뛰어난 기술력을 바탕으로 세계 최고의 회사로 성장하면서 더 큰 승리자가 되었다.

보통 새로운 에너지를 사용하게 되면 저항도 있고, 널리 전파되기까지 시간도 꽤 걸리곤 했는데 전기는 매우 빠른 속도로 전 세계에 전파되었다. 우리나라도 고종 황제의 관심과 지원으로 1887년 경복궁 내에 에디슨 전기회사의 발전기가 설치되어 전등이 밝혀지고 1898년 한성전기회사가 설립되었을 뿐만 아니라 발전소도 건설되었다. 그 이유는 전기가 불에 비해서 사용이 간편하고 상대적으로 안전하기 때문일 것이다.

구리의 귀환

그리고 이러한 전기 사용으로 구리가 귀환했다. 전기를 사용하는 국가나 지역 그리고 사람들이 매우 빠르게 늘어남에 따라 발전소가 늘어났고, 전기를 송전하는 전선의 수요도 폭증했고 전기를 사용하는 제품도 급격하게 늘어났다. 이러한 송전선이나 전기용품의 내부 선로, 그리고 모터의 코일 등에 사용하는 전선은 전기 전도도가 좋을수록 전기의 손실이 적어지기 때문에 유리하다.

금속은 다른 재료에 비해서 전기 전도도가 좋긴 하지만 금속들 중에서도 특히 은, 구리, 금, 알루미늄 등이 전기가 잘 통한다. 이들의 전기 전도도를 비교하면 가장 좋은 은을 1이라 했을 때 구리가 0.94, 금이 0.66, 알루미늄이 0.62 정도가 된다. 다른 금속들은 알루미늄의 반도 되지 않기 때문에 전선의 재료로는 고려의 대상이 아니다. 이 네 금속 중에서 금이나 은은 귀금속이라 가격이 너무 비싸고 알루미늄도 당시에는 매우 비싼 금속이어서 전선으로서 사용할 수 있는 금속은 구리뿐이었다.[5]

이 때문에 전기가 사용되기 시작하면서 구리 가격이 폭등했다. 이러한 구리 가격의 폭등이 교류와 직류의 운명을 결정짓는 데 큰 역할을 했다. 당시 기술로는 직류 전압을 높일 수 없어서 직류 전송은 저항 손실이 많았고, 이러한 저항 손실을 줄이기 위해서는 굵은 전선을 사용해야 했다. 그런데 구리 가격의 폭등으로 비용을 줄일 수 없었던 에디슨의 회사는 시카고 박람회나 나이아가라 발전소 입찰에서 비싼 가격을 제시할 수밖에 없었고, 결국 웨스팅하우스에게 패배하게 되었던 것이다.

이후 전선의 수요 증가를 맞추기 위해서 구리 생산량이 급격하게 늘어나게 된다. 전기를 사용하기 전인 1875년에는 연간 구리 생산량이 13만 톤으로 철은 물론 납(32만 톤)과 아연(16만 5천 톤)보다 적었지만, 전기를 사용하기

---

5 전도도가 낮더라도 전선의 단면적을 크게 하면 전류 손실을 줄일 수 있다. 그래서 알루미늄 가격이 구리에 비해서 저렴해지기 시작하면서 최근에는 고압 송전선로에는 알루미늄도 많이 사용되고 있다.

시작한 지 10년 정도 후인 1900년 연간 생산량이 52만 5천 톤으로 늘어나면서 아연의 생산량을 넘었고, 또 10년이 지난 1910년에는 연간 백만 톤을 넘기면서 납을 넘어서 철 다음으로 많이 사용되는 금속이 되었다.[Habashi, 2003, p. 145, 270]

전기가 만드는 세상

전기는 불이 했던 여러 '일'을 할 수 있고, 불이 할 수 없었던 '일'도 할 수 있다. 그래서 많은 영역에 전기가 도입되면서 불은 이때까지 하던 '일(역할)'을 전기에게 넘겨주고 물러난다. 그리고 일부 '일'은 (현재까지는) 불과 전기가 분담하고 있다. 본격적으로 대중화되기 시작한 지 100년 조금 넘은 전기가 불이 역할을 했던 영역에서 어떻게 불의 역할을 대신하고 있는지 살펴보도록 하자.

그동안 금속을 만들기 위해서는 탄소가 반드시 필요했지만, 전기가 나오면서 탄소를 사용하지 않고 금속을 만드는 일도 가능해졌다. 전기는 불이 만드는 모든 금속을 만들 수 있을 뿐 아니라 불로 만들 수 없는 금속도 만들 수 있다. 앞에서 설명했지만 전기로 소듐과 포타슘을 만든 것을 계기로 인류는 그동안 만들 수 없었던 모든 금속 원소를 만들고 사용할 수 있게 되었다. 하지만 이 글을 쓰는 2022년까지 전기가 금속을 만드는 역할을 불에서 (구체적으로 탄소에서) 다 가져간 것은 아니다. 아직은 전기는 탄소로 만들 수 없거나 탄소로 만들면 성능에 한계가 있는 금속들을 만드는 역할을 하고 있다. 따라서 금속을 만드는 영역에서 전기는 불과 업무를 분담하고 있으며,

보통 두 방법으로 다 금속을 만들 수 있을 때는 탄소를 사용하고 있다. 미래에 금속을 만들 때 불과 전기 중에 어느 쪽을 선택할 것인가는 전기를 어떻게 만드는가에 의해서 결정될 것이다.

그 밖에도 금속에서 불순물을 제거하는 '정련(refining, purification)'도 전기가 할 수 있다. 전통적으로 금속을 정련하는 일은 불의 몫이었다. 예를 들어서 금속 A에 불순물들이 들어 있을 때 불순물과 반응을 잘하는 성분을 추가해 주면 불순물들이 화합물을 만들면서 표면에 떠오르게 된다. 이 떠오른 화합물을 제거하면 금속의 순도를 높일 수 있다. 특히 산소와 반응을 잘하는 불순물들은 대기 중의 산소와 반응해서 산화물을 만들기 때문에 쉽게 제거된다. 그런데 이 불순물이 금속 A보다 산소나 다른 원소와의 반응성이 나쁜 성분이면 이러한 방법으로 제거할 수 없다. 예를 들어서 구리를 정련할 경우, 철은 온도를 올리면 철이 산화하면서 쉽게 제거된다. 그런데 귀금속 성분인 금이나 은도 구리에 적지 않게 포함되어 있지만 산소에 반응하지 않기 때문에 이 방법으로 제거가 어렵다.

이러한 사실이 알려지면서 귀금속을 회수하기 위한 연구가 많이 진행되었는데, 1865년 엘킹톤(James Elkington)은 전기를 사용해서 구리를 정련하는 특허를 제출했다. 그 방법은 제련해서 만든 (불순물이 포함된) 구리판을 양극에 놓고, 음극에 얇은 구리판을 설치한 후 전류를 흘린다. 이렇게 하면 양극의 구리가 이온화되어 전해질에 용해되고, 음극에서는 전해질의 구리 이온이 금속 구리로 석출된다. 즉 양극의 구리가 음극으로 이동하게 된다. 이 과정에서 구리보다 산화를 잘하는 철 같은 성분들은 양극에서 이온화해서 전해질에 이온으로 남아 있게 되고, 구리보다 산화를 잘하지 않는 금이나 은과 같은 성분들은 양극에 그대로 남아 있다가 양극 구리가 거의 다 용해되면 바닥으로 가라앉는다.

일정 시간 작업한 후에 전해질에 농축된 금속 이온을 제거하고 양극에 남은 잔존물에서 남아 있는 금속 성분들을 회수하게 된다. 이 방법은 현재까지도 큰 변화 없이 사용되고 있다. 다만 전해질에 농축되는 이온들이 많아지면 전해질의 성능이 떨어지게 되는데, 이 성분들은 기존의 제련 방법으로 정련할 수 있기 때문에 최근에는 전해 정련 전에 한 번 더 고온 정련이 추가된다. 이 방법은 간단하게 순도가 높은 금속을 만들어 낼 수 있고 금속에 들어 있는 다른 원소들을 쉽게 회수할 수 있는 획기적인 정련 방법으로 구리 외에도 순도 높은 금속의 정련에 광범위하게 적용되고 있다. 다만 이 방법이 제대로 작동하기 위해서는 대량의 전력이 필요하다.

그 당시만 해도 정련된 순도 높은 구리는 별다른 장점이 없었고, 귀금속인 금이나 은을 얼마나 회수할 수 있는가에 따라서 경제성이 결정되었기 때문에 구리를 대량 생산하는 큰 공장을 만들 필요가 별로 없었다. 그런데 전선에 구리가 필요해지면서 상황이 변화했다. 구리의 전기 전도도는 매우 민감하여 불순물이 포함되면 급격하게 전기 전도도가 떨어진다. 0.1% 정도의 불순물만 있어도 전기 전도도는 순수한 구리금속의 50~70% 정도 밖에 안 되었다.[Habashi, 1994, p. 284] 따라서 순도 높은 구리에 대한 수요가 급격하게 늘어나게 되었고, 그 덕분에 대규모의 전해 정련 공장을 가동할 수 있게 되었다. 그 결과 순도 높은 구리 생산이 늘어나면서 전기의 생산과 보급이 확산되었다. 또한 이 과정에서 구리에 포함되어 있던 귀금속을 쉽게 회수할 수 있게 되면서 구리 제련 공장은 금과 은의 주요 생산지가 되었다.

전기가 대중에게 알려지고 급격하게 퍼지게 된 계기는 전구였다. 부록에서 자세한 설명을 했지만, 높은 온도의 물질로 조명을 할 경우 조명 효율(빛에 사용되는 에너지/투입되는 전체 에너지)은 온도가 높을수록 높아진다. 그리고 백열전구는 높은 온도에서 녹지 않고 잘 견딜 수 있는 탄소나 텅스텐으로 필라멘트를 만들어서 2300도 이상의 높은 온도를 낼 수 있고, 그 결과 투입되는 에너지의 5~6% 정도를 조명에 사용할 수 있게 되었는데, 이 값은 1000도 이상으로 온도가 올라가기 어려운 등잔불에 비해서 100배 이상 높은 효율이다. 이 덕분에 전등은 등잔불에 비해서 훨씬 밝은 빛을 낼 수 있게 되었다. 그리고 전구는 등잔불보다 오랜 시간 쓸 수 있고 끄고 켜기도 편리할 뿐만 아니라, 화재의 위험성도 현저하게 줄어드는 이점이 있었다. 결국 인류가 오래전부터 사용하던 불을 직접 사용한 조명은 밝기, 안정성, 편리성, 안전성 등 여러 측면에서 백열전구의 경쟁이 될 수 없었고 빠른 시간 안에 등잔불에서 백열전구로 대체되었다. 그 결과로 밝아진 밤 시간을 어떻게 사용할 것인지는 각 개인에게 달려 있는 문제이지만, 전구의 등장으로 인류는 낮처럼 활동할 수 있는 시간이 많이 늘어났고, 더 이상 해가 지는 것이 인간 활동을 제약하지 않게 되었다.

백열전구의 상용화 이후 조명 기술은 더 발전한다. 비록 전구가 기존 등잔불에 비해서는 효율도 높고 밝은 빛을 얻을 수 있지만, 높은 온도를 이용한 조명은 2300도의 고온에도 전체 에너지의 5% 정도만을 사용할 수밖에 없다는 한계가 있었다. 백열전구가 만들어져 널리 퍼지고 있을 때 이미 에디슨이나 테슬라를 포함한 많은 연구자들이 이 문제를 개선하기 위한 노력을 시작했다. 해결 방향은 에너지를 받아서 가시광선 파장대의 빛을 집중적으로 방출하는 재료를 활용하는 것이다.

연구는 일찍 시작되었지만 형광등(fluorescent light)의 상용화 특허는 1938년에 등록되었다. 원리는 자외선을 흡수해서 가시광선을 내보내는 형광재료를 사용함으로써 효율을 높인 것이다. 형광등의 원리는 다음과 같다. 먼저 형광물질로 코팅되어 있는 유리 튜브 안에 전극 두 개를 설치하고 약간의 수은[6] 기체와 아르곤을 채워 놓은 다음, 전기가 흐르게 하면 전극에서 전자가 방출되어 수은과 충돌한다. 이 충돌로 만들어진 자외선이 형광물질과 충돌하면 형광물질이 에너지를 흡수했다가 우리 눈에 빛으로 인식되는 가시광 영역의 전자기파를 내보내는 것으로 조명기기 역할을 하게 된다. 형광등이 내보내는 전자기파의 상당 부분이 가시광 영역에 속하기 때문에 들어가는 전력으로 얻을 수 있는 조명 효율이 백열전구의 3배 이상 높고, 따라서 같은 밝기를 내려고 할 때 훨씬 적은 전력이 소비된다. 그 결과 2000년대에 들어와서 우리나라를 포함한 많은 국가에서 백열전구의 제작이나 수입이 금지되어서 백열전구는 100년 조금 넘는 역사를 뒤로하고 앞으로는 박물관 속의 전시물로 남게 될 가능성이 높아졌다.

형광등 외에도 전자를 받아서 가시광 영역의 빛을 내는 방식의 LED(light emitting diode) 조명을 사용하는 움직임이 늘고 있다. LED는 전기에너지를 빛으로 변환시켜 주는 광반도체 재료와 구조의 조합을 사용해서 형광등보다도 더 집중적으로 필요한 파장의 빛을 만들어 낼 수 있기 때문에 투입되

---

6 수은이 들어 있다는 말에 건강에 해로울까 걱정할 수도 있을 것 같은데 가정에서 한두 개의 형광등이 깨져서 수은 증기가 누출되더라도 인체에 유해한 수준은 아니다. 다만, 형광등이나 온도계 제조 공장에서 근무하는 작업자들 중에는 수은 중독 증세가 나타난 사례가 있다.

는 전력 대비 발생하는 빛의 세기가 매우 크다. 최근에는 유기물을 이용한 OLED(organic LED)도 만들어지는 등 빠르게 발전하고 있다. 전자기기의 표시 장치, 신호등, 휴대전화나 텔레비전 등 사용 영역이 확대되고 있고, 전력 절약 효과가 커서 조명에도 사용되고 있다. 다만, 단순한 구조의 형광등에 비해서 구조가 복잡해서 비용이 많이 들고, 빛이 좁은 주파수 영역에 집중되어 있어서 만들어 낸 빛이 태양광이나 다른 조명과는 달라서 앞으로 사람들이 조명으로 받아들이게 될지의 여부는 시간이 조금 더 흘러야 알 수 있을 것 같다.

조리와 난방은 불과 전기가 힘겨루기를 하고 있는 상황으로 보인다. 이 용도는 인류가 불을 사용하게 된 계기이기도 하고, 현재도 인류의 삶에서 중요한 역할을 한다. 그리고 조리와 난방의 공통점은 열을 사용해서 원하는 목적을 달성한다는 것이다.

불을 열로 사용하는 것은 조명과는 달리 사용효율이 높은 편이다. 그리고 전기는 불의 열을 이용해서 만들어지는 것으로 이 과정에서 에너지 손실이 있고 송전 과정에서도 손실이 있기 때문에 화석 연료로 만든 전기가 사용자에게 도달한 값을 열량으로 환산하면 전기를 만들 때 사용하였던 화석 연료가 가진 열량의 절반에도 미치지 못한다. 이 전기로 다시 열을 내는 용도로 사용하는 것은 분명 현명한 방법이 아니다. 그래서 우리 일상생활에서 아주 중요한 이 영역에서는 불이 더 많이 사용되고 있다. 열원으로 사회 기반시설이 잘 갖추어진 지역에서는 가스를 주로 사용하고, 사회 기반 시설이 부족한 지역에서는 고체(나무, 석탄)나 액체(석유)를 많이 사용하는 차이는 있다.

그러나 전기는 비싼 비용에도 불구하고 몇 가지 장점이 있어 불에 도전하고 있다. 가장 큰 장점은 안전성이다. 전기를 사용하는 것은 불을 사용하는 것에 비해서 화재나 사고의 위험이 줄어든다. 물론 전기도 누전에 따른 화재가 일어나거나 감전 사고가 생길 수 있지만 불을 직접 사용했을 때보다는 위험도가 낮다. 그리고 전기는 사용이 간편하다. 원하는 온도나 사용 시간을 정확하게 조절할 수 있다. 또한 다양한 방식으로 열을 만들어 낼 수 있다. 예를 들어 조리를 위해서 전열선을 사용하는 전통적인 가열방식 외에도, 유도 가열 원리를 사용하는 인덕션 히팅(induction heating), 그리고 마이크로파를 이용하는 마이크로웨이브 오븐(microwave oven) 등 다양한 방식의 도구들이 만들어지고 있다.

현재 상황은 전기의 이러한 장점들 때문에 활용도가 높아지고 있다. 아마도 대부분의 가정에서 조리와 난방을 위해서 불과 전기를 활용하는 도구들을 두루 갖추고, 상황에 따라서 선택하여 사용하고 있을 것이다. 앞으로도 두 방법이 계속 공존할 것으로 예상되며 각 사용자들이 비용과 편리성 그리고 필요한 용도를 고려해서 선택해서 사용하게 될 것으로 보인다.

20세기 재료와 현대 문명

19세기까지 진행된 여러 재료의 발견과 전기를 포함한 수많은 발명들은 20세기로 넘어오면서 우리 생활 모습을 획기적으로 바꾸었다. 우선 전기는 기존에 불이 할 수 없었던 수많은 일을 하고 있다. 유무선 통신이 가능해지고, 전자를 활용할 수 있는 수단과 재료들이 만들어지면서 각종 전자기기가 개발되어 우리의 생활은 예전에는 상상할 수 없는 수준으로 다채로워졌으며, 컴퓨터의 발전에 따라 사회의 변화 속도는 따라가기 힘들 정도로 빨라졌다. 그 외에도 수많은 항공기가 날아다니고, 시속 300km가 넘는 기차가 다니며, 축구장의 몇 배 크기나 되는 배들이 바다를 누비고, 달에 다녀오기도 하고, 태양계 그리고 그 너머까지 탐사하고 있다. 높이가 몇백 미터가 되는 건축물이나 길이가 몇 킬로미터가 넘는 다리가 세워지고 있다. 이러한 모든 변화는 사회 모든 기술이 종합적으로 발달한 덕분이기도 하지만, 대형 구조물이나 극한 조건에서 능력을 발휘할 수 있는 재료가 뒷받침되어야만 구현이 가능하다. 20세기에 일어난 재료의 변화를 간략하게 살펴보면 다음과 같다.

19세기 말에 만들어지기 시작한 강철은 20세기에 들어와서 더욱 개선되어 강도를 포함한 재료의 성능이 높아졌고, 생산량이 늘면서 사회 전반의 모습을 바꾸었다. 대형 선박이나 고층 건물들은 모두 강철의 발전에 따라서 가능해진 것이다. 이런 대형 구조물 외에도 우리 삶의 모든 부분에 철강이 사용되고 있다. 20세기가 시작된 1900년에 전 세계 철강 생산량이 3,800만 톤 정도였던 데 비해 2020년에는 50배가 넘는 18억 톤 이상의 철강이 만들어졌고, 이 철강이 우리가 사용하는 대부분의 물건을 만드는 데 사용되고 있다.

알루미늄 생산방식의 발전에 따라 경제성이 높아지면서 비행기 산업도 크게 발전하게 된다. 기존 방법으로 만들 수 없었던 알루미늄을 전기 덕분에 찾아낸 이야기는 앞에서 설명했다. 그 후 드빌(Henri-Etienne Sainte-Claire Deville)은 칼륨을 사용해서 알루미늄을 만드는 공정을 확립한 다음 포크나 식기 같은 주방용품을 만들었다. 이 방법은 비용이 많이 들었기 때문에 초기에 만들어진 알루미늄은 금보다 비싼 귀금속이었다. 하지만 녹슬지 않고 은백색의 광택이 나며 아주 가벼웠던 알루미늄 주방용품은 대단히 인기가 있는 품목이었고, 프랑스의 황제였던 나폴레옹 3세조차 알루미늄 커트러리(cutlery) 세트를 충분하게 갖추지 못해서 같은 연회에서도 제한된 귀빈에게만 제공했다는 일화가 있다. 그래서 알루미늄을 저렴하게 만드는 방법에 대해서 많은 사람들이 연구를 진행했고, 그 결과 1886년에 미국의 홀(Charles Martin Hall)과 프랑스의 에루(Paul Héroult)가 전기를 사용해서 알루미늄 산화물에서 순수한 알루미늄을 추출하는 방법을 개발했다. 이 두 사람은 거의 동시에 서로 독립적으로 개발했기 때문에 이렇게 알루미늄을 제조하는 공정의 이름을 홀-에루(Hall-Héroult) 공정이라고 부르고 있다. 이 방법에 의해서 알루미늄 생산량이 늘어나고 가격이 내려가기 시작했다.

사실 알루미늄은 비중이 2.7^7에 지나지 않아서 금속 중에서도 아주 가벼운 편이지만 순수한 알루미늄은 강도도 약한 편이다. 그런데 20세기 초반에 가벼우면서 강한 재료인 두랄루민이라는 알루미늄 합금(알루미늄-구리-마그네슘 외에 몇 개의 원소가 더 들어간 합금)이 만들어졌다. 이 두랄루민은 가벼우면서 강한 재료를 원하던 비행기 산업에 꼭 필요한 재료였고, 두랄루민을 사용하면서 승객을 태울 수 있는 비행기가 제대로 만들어질 수 있었다. 그 후 지속적으로 더 강한 두랄루민 계열 합금들이 개발되면서 비행기 산업이 발

---

7 철의 비중이 7.4 정도 되는 것에 비하면 1/3을 조금 넘는 수준이다. 알루미늄보다 더 가벼우면서 힘을 받는 곳에 사용될 수 있는 금속은 마그네슘(비중 1.8)뿐이다. 나중에 비행기에 사용되는 티타늄은 비중이 5.2 정도여서 알루미늄보다 무겁지만 강한 재료이기 때문에 더 적은 양으로 같은 힘을 받는 구조물을 만들 수 있다. 티타늄, 알루미늄, 마그네슘 등 철보다 가벼우면서 힘을 받는 곳에 사용될 수 있는 재료를 경량금속이라 부른다.

전했다. 그 후에 비행기 수요의 폭발적 증가로 알루미늄의 소비가 늘어나면서 20세기 중반에 알루미늄이 구리의 생산량을 넘었고 현재까지도 철에 이어서 두 번째로 많이 사용되는 금속이 되었다.

최근에는 두랄루민뿐 아니라 티타늄 합금이나 탄소 섬유 등이 개발되어 비행기에 사용되면서 장시간 비행이 가능한 초대형 비행기들이 만들어져 운행되고 있다.

우주선의 개발은 또 다른 재료의 발전을 기다려야 했다. 지구 밖으로 나가고자 하는 모든 물체는 초속 11.2km 이상의 빠른 속도를 내야 한다. 이 과정에서 공기와 마찰해서 표면의 온도가 높아진다. 그래서 우주선은 강력한 추진력을 가져야 할 뿐만 아니라 그 표면이 높은 온도에도 버텨야 한다. 특히 우주로 갔다가 지구로 귀환할 때는 중력이 작용하면서 속도가 빨라지고, 가장 속도가 빠른 영역이 공기 밀도가 높은 지표면에 가까운 부분이기 때문에 공기와의 마찰에 의해서 표면 온도가 훨씬 더 높아진다. 따라서 초고온에서 버틸 수 있는 내열재료가 개발된 이후에야 지구로의 귀환이 가능한 우주선이 만들어질 수 있었다.

이렇게 과거부터 사용되던 재료들 외에도 19세기 전에는 존재하는 줄도 몰랐던 많은 재료들을 사용하면서 현대 문명의 모습이 만들어졌다. 이 중에서 20세기 인류 문명의 발전에 가장 큰 영향을 미친 것은 합성 고분자와 반도체 성질을 갖는 단결정 실리콘이다.

합성 고분자

20세기에 본격적으로 만들어지기 시작해서 우리의 삶에 큰 영향을 미친 또 하나의 재료는 흔히 플라스틱이라고 통칭해서 불리는 합성 고분자(synthetic polymers) 물질들이다. 이 책에서 주로 다루는 재료들은 금속이나 세라믹, 반도체와 같이 쉽게 변형이 일어나지 않는 물질들이었다. 그런데 인류에게는 쉽게 변형이 일어나서 피부를 덮어 줄 수 있는 의복이나 물고기를 잡는 그물과 같이 질기면서도 유연한 재료도 필요했다. 섬유나 의복의 역사는 인류 역사만큼 복잡하기 때문에 이를 여기서 다 설명할 수는 없고 여기서는 합성 섬유가 필요하게 된 배경과 플라스틱의 발명과 발전, 그리고 이에 따른 우리 생활의 변화에 대해서 간단히 살펴보도록 하겠다.

초기 인류는 따뜻한 곳에 살았던 것으로 생각되는데, 인구가 늘어나고 불을 사용할 수 있게 되면서 인류의 생존 영역이 추운 곳으로 넓어지기 시작했고, 이러한 지역으로 이동한 인류는 추위를 막기 위해서 동물의 가죽이나 넓은 풀잎과 같이 가공이 크게 필요하지 않은 것을 옷이나 잘 때 덮는 용도로 활용했을 것이다. 기원전 60000년 정도의 것으로 추정되는 남아공의 동굴 유적에서 발견된 바늘은 이 시기에 인류가 바느질이 필요한 섬유를 이용했다는 것을 보여 준다.[Backwell 등, 2008] 그리고 러시아에서 발굴된 기원전 2만 2천 년경의 것으로 추정되는 조각상(Venus of Kostensky)이 옷가지를 걸치고 있는 모습을 보면 이 이전부터 인류가 옷을 입었다는 것을 알 수 있다. 그리고 기원전 6500년 이후로는 인류가 식물성 또는 동물성 섬유를 사용했던 유물들이 세계 여러 곳에서 발견되고 있다.

섬유를 만들기 위한 원료나 의복의 사용 방법은 각 지역의 자연환경에 깊은 영향을 받았기 때문에 이들의 발전은 오랜 기간 지역에 따라 크게 다른 모습을 띠었다. 섬유의 원료는 기후와 토양의 영향을 많이 받기 때문에 특정 지역에서 많이 나는 원료가 다른 지역에서는 아주 귀했거나 얻을 수 없었다. 예를 들어서 비단(silk)은 생산지인 동아시아 지역에서도 귀한 품목이긴 했지만, 원료와 기술이 없어 생산을 할 수 없었던 다른 지역, 특히 중동이나 유럽 지역에서는 선망의 대상이었고 중국에서 수입할 수밖에 없어 아주 비싼 가격에 거래되었다. 그래서 비단은 오랜 기간 세계 교역에서 가장 중요한 무역품의 하나였다. 이 때문에 동서양을 잇는 육상 교역로를 비단길(silk road)이라고 부른다. 이러한 원료의 지역화는 해상교통의 발달과 이에 따른 국제교역의 확대로 제한이 많이 풀리게 된다. 산업혁명의 시작이 되었던 영국에서 방직기가 발명되고 인도에서 대량으로 재배되는 면화를 사용할 수 있게 되면서 면직물의 대량 생산이 가능해진 것이다.

그러나 천연에서 얻어지는 원료를 사용한 제품들은 두 가지 한계가 있었다. 하나는 제품의 강도나 내구성 등 물리적 성질이 자연에서 얻어진 값을 넘어서기 어려웠다. 천연물의 성질을 개선하기 위해 여러 노력이 있었고, 1839년 굿이어(Charles Goodyear)처럼 우연히 고무에 황을 넣고 순간적으로 가열하면 성질이 개선되는 것을 발견하는 경우도 있었다. 그는 이 과정을 헤파이스토스의 로마식 이름이었던 불칸(Vulcan)의 이름을 따서 Vulcanization(가황공정)이라는 이름을 붙였는데 이 발견으로 고무의 성질은 크게 개선되면서 다양한 용도로 사용되기 시작했다.

또 다른 한계는 생산량이 자연적인 성장에 의존할 수밖에 없기 때문에 사용량을 늘리는 것이 쉽지 않다는 것이다. 이 문제는 다른 재료를 인위적으로 합성한 물질을 만들어서 해결하게 되었다. 인위적으로 만든 최초의 플라스틱은 파케신(Parkesine)이라 이름이 붙여진 물질로, 파크스(Alexander Parkes)가 1862년 런던의 박람회에서 선보였다. 그런데 이 제품은 너무 많은 용제를 사용했기 때문에 실용성이 낮았다. 다만 하이엇(John Hyatt)이 상아 대신 당구공으로 쓸 재료를 찾다가 파크스의 방법을 개량해 실용적인 플라스틱인 셀룰로이드 제조 기술을 개발하고 1870년 특허를 취득했다.[McCrum 등, 1997, pp. 3-4] 셀룰로이드는 이후 40년간 유일하게 사용된 플라스틱이었고, 지금도 당구공 등에 사용되고 있다. 20세기 초에 분석 기술의 발전으로 플라스틱의 성질은 모노머(monomer)라 불리는 탄소와 수소 그리고 산소로 만들어지는 단위 구조가 여러 개 반복되는 구조 때문에 나오게 되는 것을 알게 되었고, 이렇게 여러 개의 모노머가 결합되어 만들어진 물질을 중합체 또는 폴리머(polymers)[8]라 부른다.

금속재료나 세라믹 재료와 달리 오늘날 사용되고 있는 플라스틱의 대부분은 자연 물질이 아닌 인간이 합성한 합성 재료이다. 최초의 합성 플라스틱인 베이클라이트(Bakelite)가 1907년 뉴욕에서 발명된 이후로 체계적인 연구를 통해서 본격적으로 화학 산업이 발전하기 시작하면서 합성 폴리머(syn-

---

8 폴리머라는 단어는 스웨덴의 베르질리우스(Jöns Jacob Berzelius)가 처음 사용한 것으로 알려져 있다. 그런데 그 당시에는 원자량은 알고 있었지만 원자 구조까지는 몰랐기 때문에 베르질리우스는 어떤 물질이 다른 물질의 배수의 원자로 구성되어 있으면 이를 폴리머라고 불렀다. 예를 들면 글루코스($C_6H_{12}O_6$)는 포름알데히드(CH_2O)의 폴리머라고 부른 것이다. 20세기에 들어와서 원자들의 구조까지 알게 되면서 구조까지 반복되는 것을 폴리머라고 부르게 되었고, 위 둘은 구조가 달라서 모노머와 폴리머 관계가 아니다.

thetic polymers)들이 만들어지기 시작했다. 가장 대표적인 것이 1930년대 미국의 화학회사인 듀퐁(Du Pont de Nemours & Co.)에서 개발해서 상업화에 성공한 나일론과 영국 ICI(Imperical Chemical Industry)에서 개발에 성공한 폴리에틸렌(Polyethylene)이다. 이후 다양한 합성 고분자들이 개발되었다. 1950년대 이후 합성 고분자는 플라스틱, 합성 섬유, 합성 고무 등이 있는데, 이들은 열에 약한 단점이 있지만 가볍고 상당한 정도의 강도를 가지고 있으며 성형이 쉬워서 사용이 급격하게 확대되었다. 그리고 석유 채굴의 증가와 함께 석유 정제 과정에서 얻어지는 나프타(naphtha)를 합성 폴리머의 원료로 사용하게 되면서 생산량이 급격하게 증가하게 된다. 예를 들어 1950년도에 사용량이 미미하던 플라스틱의 소비량은 2014년 3억 톤을 넘었다. 이는 부피로 환산하면 철강의 소비량을 넘는 것으로 현재 플라스틱은 우리 생활 전반에 사용되면서 생활을 편리하게 만들어 주고 있다. 무엇보다도 고분자 재료는 가볍고 부식되지 않으며 가공이 쉽다는 장점으로 인하여 현대 사회에서 아주 많이 사용되고 있는 재료이다.

오늘날 우리가 일상에서 사용하는 대부분의 생활 필수품들은 앞에서 든 여러 재료를 다 사용해서 만들어지고 있다. 예를 들어서 53kg 정도 되는 세탁기에 사용된 재료를 보면 철 38.4kg, 알루미늄 1.9kg, 구리 1.8kg, 합성 고분자 8kg, 나무 2.5kg, 유리 0.1kg 등으로 만들어졌고, 무게 1,300kg 정도 되는 자동차는 철 990kg, 알루미늄 94kg, 구리 26kg, 유리 39kg, 합성 고분자 206kg 등으로 만들어졌다.[Ashby, 2013, pp. 202-204] 이렇게 다양한 재료가 사용되는 이유는 각 재료들이 각각의 특징과 장단점을 가지고 있기 때문이다. 그래서 어떤 제품을 만들고자 하면 제품의 설계자는 그동안 우리가 만들어 낸 금속, 합성 고분자, 세라믹, 나무, 그리고 이들의 복합 재료 등 다양한 재료를 조합해서 최선의 결과를 얻을 수 있도록 설계하고 만들게 된다.

실리콘과 반도체

다음은 반도체용 실리콘에 대해서 살펴보자. 실리콘은 지구 표면에 산소 다음으로 가장 많이 존재하는 원소임에도 순수 실리콘은 만들기가 어려워서 전기의 도움을 받게 된 19세기 초에야 제조되기 시작했다. 그 이후에도 만들기는 어려운데 특별한 용도도 없어서 오랜 시간 동안 실리콘 자체로는 별로 사용되지 않았다.[9] 그러나 20세기 후반기부터 실리콘 웨이퍼를 사용한 반도체 및 이 반도체를 사용하는 전자 산업의 발전에 따라 실리콘 소재는 큰 역할을 하게 된다. 실리콘과 반도체가 사용되기 시작한 이유를 먼저 살펴보자.

전기가 사용되기 시작된 다음, 전기의 확산을 촉진한 것은 전등이었다. 그 후 모터 사용이 확대되고 전차가 다니는 등 다양하게 전기를 활용하는 많은 기기가 개발되었다. 또한 전기를 생산하고 전송하는 것 외에도 각 수요자들에게 분배하는 것에 필요한 발전소, 시설, 장치, 그리고 기구를 만드는 산업도 발전했다. 물론 이러한 발전도 사회에 큰 영향을 주었지만 전기가 20세기를 19세기와 구별되는 시대로 만든 것은 전자 산업의 시작과 발전이다. 전자제품 및 전자 산업은 진공관의 개발과 함께 시작되었다. 진공관은

---

9 실리콘이 반도체의 기본 재료로 사용되고 있는 현대에도 실리콘 생산량의 90%는 철강 산업에서 합금 성분 또는 철 속의 산소를 없애는 용도로 사용된다.

진공에서 금속의 온도가 높아지면 전자가 방출되는 현상[10]을 활용해서 만든 장치이다. 플레밍(John Ambrose Fleming)이 1904년에 교류 전류를 감지하고 측정하는 기구에 적용하기 위해서 두 개의 극을 가진 진공관을 개발하고 특허를 취득했다. 두 개의 극을 갖는 진공관은 전자를 내보내는 금속의 전극이 양의 전압극일 때만 전류가 흐르기 때문에 일종의 스위치 역할을 할 수 있었고, 플레밍도 이런 역할을 생각했는지 '밸브(valve)'라고 불렀다. 두 극을 갖는 진공관을 다이오드(diode)라고 부르며 이를 사용하면 스위치로 사용할 수 있고, 교류를 흘리면 반대 방향의 전류가 차단되기 때문에 직류로 바꿀 수 있는 '정류(rectification)' 기능도 있다. 그 후 1907년 3극을 갖는 진공관(트라이오드, triode)도 개발되었는데 이 진공관은 신호를 증폭하는 기능을 할 수 있다. 이러한 기능들을 활용해서 라디오, 무선 통신, 텔레비전 등 수많은 장치들이 만들어지고 새로운 산업들이 나타났다. 그리고 이렇게 진공관을 사용하는 장치를 만들고 사용하는 영역을 '전자 산업(electronics industry)'이라고 부른다.

그러나 진공관은 작동하려면 상당히 큰 에너지가 필요했기 때문에 전력 소비량이 많았고 고장도 많이 생겼다. 이러한 문제 해결을 위해서 여러 곳에서 노력했는데 1947년 벨 연구소의 바딘(John Bardeen), 쇼클리(William Shockley), 브라튼(Walter Brattain) 등 세 명이 진공관을 대체할 수 있는 트랜지스

---

10 이 현상은 1883년 필라멘트를 개발하던 에디슨이 발견했기 때문에 에디슨 효과라고 불린다. 그런데 에디슨은 전구를 개발하는 것에 집중했기 때문에 이 현상에 더 이상 관심을 가지지 않았다. 그 후 1901년 리처드슨이 이 현상이 열전자 방출 때문이라는 이론을 제시했지만, 당시에 진공에서 전자가 움직여서 전류가 흐른다는 것에 대해서 회의적인 연구자들이 많았다. 이에 리처드슨은 10년 이상의 연구를 통해서 이를 증명하였으므로 이 현상을 리처드슨 효과라고 부르기도 한다.

터를 만들었다는 사실을 발표했다. 이 첫 트랜지스터는 반도체[11]인 게르마늄을 활용해서 만들었다. 트랜지스터는 진공관에 비해서 에너지가 덜 필요하고 크기도 작으며 안정성도 높아서 거의 모든 영역에서 진공관이 트랜지스터로 대체되었다. 첫 트랜지스터는 게르마늄이 사용되었지만, 실리콘이 반도체 재료로 우수한 성질이 있기 때문에 상용화한 트랜지스터는 모두 실리콘으로 만들어졌다.

1970년대를 넘어가면서 작은 회로를 만드는 기술이 발전하면서 수천 개에서 수만 개의 회로와 트랜지스터를 손가락 크기의 칩에 모아 놓는 집적회로(integrated circuit)가 만들어지기 시작하고 집적도가 매년 높아졌다. 그 결과 현재는 손가락 크기의 칩에 몇십억 개의 회로가 집적되고 있다. 이 회로 한 개 한 개가 진공관의 역할을 하기 때문에, 진공관으로는 이렇게 집적도가 높은 칩을 구현하는 것을 상상조차 할 수 없다.

예를 들어서 최초의 컴퓨터라고 불릴 수 있는 ENIAC은 2만 개의 진공관을 사용했는데, 이를 위해서 $167m^2$의 공간이 필요했고, 무게는 30톤이 넘었으며, 150kW의 전력을 사용했다. 그런데 현재 여러분들이 들고 다니는 노트북 CPU(중앙 처리 장치)에는 모스펫(MOSFET)이라고 불리는 트랜지스터들

---

11 재료를 전기를 쉽게 통과시키는 도체(conductor)와 통과시키지 않는 부도체(insulator)로 나눌 수 있다. 모든 물질은 에너지 수준을 기준으로 전자가 잘 움직이는 전도 영역(conduction band)을 가지고 있다. 도체는 전도 영역에 들어갈 수 있는 높은 에너지 수준을 갖는 전자가 많아서 전기가 쉽게 흐른다. 그런데 부도체는 전도 영역의 에너지 수준이 부도체의 전자들이 갖는 에너지보다 훨씬 높다. 이 에너지 차이를 에너지 장벽이라고 부른다. 그래서 전도 영역에 전자가 없어서 전기가 흐르지 않는다. 그런데 일부 부도체는 에너지 장벽이 낮아서 외부에서 적절한 전압을 걸어주면 일부 전자가 전도 영역으로 올라가면서 전기가 흐를 수 있다. 이렇게 에너지 장벽이 낮은 부도체를 반도체 (semiconductor)라 부른다. 반도체는 원소로는 실리콘과 게르마늄이 있으며, 화합물로 갈륨−비소가 많이 사용된다.

이 들어 있는데 그 숫자가 500억 개에 달하고 있고, 처리 속도는 ENIAC보다 수만 배 이상 **빠른** 수준이다. 그럼에도 노트북의 전기 소비량은 최대로 작업할 때에도 50W 정도이므로 ENIAC 전기 소비량의 1/3,000 수준이다.

이러한 성능 향상은 사회 각 부분에 영향을 미치면서 사회 발전을 급격하게 가속시켰다. 다만, 이 책에서 반도체와 컴퓨터 관련 기술의 개발과 함께 급격하게 발전한 사회의 여러 모습을 다루는 것은 너무나도 방대한 일이라고 생각되어 더 이상 언급하지 않으려 한다. 그렇지만 이러한 급속한 발전에 따라 사회 전체의 에너지와 자원 소비량이 급속하게 늘어나고 있고, 이 때문에 발생하는 여러 문제 그리고 과연 이러한 다소비 문명이 지속 가능한가에 대해서는 다음에 논의할 예정이다.

5

새로운 에너지원의 출현

전기의 등장에 따른 에너지원 활용 방법의 변화

전기는 열도 낼 수 있고 빛을 만들기도 하고 기계를 작동시키는 등 다양한 일을 할 수 있는 에너지이다. 하지만 전기는 저절로 생기는 것이 아니고, 다른 에너지원을 소비해서 만들어야 한다. 즉, 전기는 에너지 전달 수단의 하나라고 할 수 있다. 20세기에 들어 전기의 사용량이 급격하게 늘어나자 전기를 만들기 위해서 소비되는 에너지의 양도 늘어나고 있다. 2018년 자료를 보면 인류가 사용하는 에너지의 40%가 전기를 만드는 용도로 쓰이고 있다. 그리고 전기를 만드는 에너지원을 보면 화석 연료로 64.2%, 수력으로 15.8%, 원자력으로 10.2%, 그리고 재생에너지로 9.3%가 만들어졌다.

이 전기를 만드는 네 개의 에너지원 중에서 화석 연료와 수력은 19세기 말 발전소를 만들기 시작하면서부터 전기를 만드는 수단으로 사용되었다. 최초의 전기 발전소는 물의 위치에너지로 전기를 생산하는 수력 발전소였고, 이어서 석탄의 연소열을 사용해서 증기를 만들고 이 증기를 사용해서 전기

[표 2] 불을 사용하는 방법

직접적인 불 사용	전기를 매개로 한 불 사용
불 → 열	불 → 엔진 → 발전기 → 전기 → 열
불 → 빛	불 → 엔진 → 발전기 → 전기 → 빛
불 → 엔진[1] → 일	불 → 엔진 → 발전기 → 전기 → 모터 → 일

를 생산하는 석탄 발전소가 만들어졌다. 즉 불을 사용해서 전기를 만들게 된 것이다. 이후 화석 연료의 불로 전기를 만들어 사용하는 것이 전기를 만드는 가장 중요한 방법으로 자리 잡게 되면서 〈표 2〉와 같이 불을 사용하는 새로운 방법이 생겼다.

이 방식으로 전환되면 직접 일을 하던 불이 전기를 만들고, 만들어진 전기가 일을 하게 됨으로써 불은 간접적으로 일을 하게 된다. 즉, 전기를 사용하게 되면서 각각의 사용 장소마다 불이 존재할 필요가 없어진 것이다. 이것은 불의 역할이 줄어든 것을 의미하는 것은 아니고 곳곳에 흩어져 사용되던 불이 발전소로 모이게 된 것이다. 즉 불의 역사에서 보면 화로가 만들어지면서 분산되었던 불이 다시 발전소로 집중되는 것으로 전환된 것이다.

물론 아직 모든 불이 전기로 전환된 것이 아니고, 〈표 2〉에서 보이는 두 가지 불 사용 방법이 공존하고 있다. 그중에서도 어떤 경로를 선택할 것인가는 경제성, 안전성, 편리성 등의 조합으로 결정된다. 사실 안전성과 편리성은 전기를 통해서 사용하는 것이 상대적으로 유리하다. 다만 경제성은 상

---

1 엔진은 열, 전기, 수력과 같은 다른 형태의 에너지를 기계적 힘으로 바꾸어 주는 장치를 의미하며 기관(機關)이라고 불리기도 한다. 다만, 이 표에서는 열에너지를 사용하는 열 기관(증기 기관, 내연 기관)을 의미한다.

황에 따라 달라진다.

경제성은 투입되는 에너지 중에서 우리가 원하는 기능에 사용되는 양이 얼마나 되는가를 보여 주는 '사용 효율'에 의해서 결정된다. 우선 엔진을 사용해서 불을 다른 에너지로 전환할 때는 일정 부분의 손실이 있다. 이 말은 전기를 만들 때 일정 부분의 에너지가 없어진다는 것을 의미한다. 최신의 기술이 적용되었을 때 석탄 발전소의 효율은 40% 수준이고 가스를 이용하면서 가스터빈과 증기 보일러를 같이 이용하는 복합 화력 발전소가 60% 수준의 효율을 얻을 수 있다. 두 발전소 비중에 따라 달라지긴 하겠지만, 가스와 석탄 발전 비중이 유사하다면 전기를 만들면서 50% 정도의 손실이 일어난다는 의미이다. 그리고 이 전기를 수요처로 보내는 송전과 배전 과정에서 5% 정도[2]의 손실이 있다. 다시 말하면 (화석 연료로 만든 전기는) 투입된 에너지의 45% 정도만 수요자에게 도달하게 된다.

우리가 사용하는 불의 연료도 1차 에너지가 아니고 자연에서 얻은 연료를 1차 가공한 것이고 그 과정에서 대략 10% 정도의 손실이 있다. 따라서 사용되기 직전의 상태에서 불은 전기보다 2배의 에너지를 가지고 있다.

이번에는 사용하는 상황에서의 손실을 살펴보자. 우선 불 또는 전기를 열로 사용하면 손실이 거의 없다. 따라서 열을 이용하는 시스템은 효율 측면에서 불을 직접 이용하는 것이 절대적으로 유리하다. 반면에 앞에서 살펴본 대로 전기를 빛으로 이용하는 것은 불을 빛으로 이용하는 것에 비해서 훨씬 유리하다.

---

2 우리나라는 3%대 중반이라는 낮은 손실률을 보이고 있지만, 세계 평균은 5%를 훨씬 넘는다.

일을 하는 것은 계산이 좀 더 복잡하다. 불이 일을 하기 위해서는 증기 기관이나 내연 기관을 사용해야 하기 때문에 손실이 존재한다. 다만 제품에 따라서 효율의 편차가 커서 일률적으로 이야기하기는 어렵다. 게다가 발전소의 열 엔진들은 대형으로 최고의 효율을 얻을 수 있도록 만들어지고 운영되고 있는 데 비해서 소규모 수요자들이 사용하는 열 엔진들은 크기도 작고 효율도 낮다. 그런데 전기를 사용해서 일을 하기 위해서는 전기 모터를 사용하기 때문에 이때도 20% 정도의 손실이 발생한다. 이러한 상황을 고려하면 일을 할 때는 불을 바로 사용하거나 전기를 통해서 하거나 효율 측면에서 큰 차이가 나지 않는 것으로 보인다. 그러나 전기가 가지는 안전성이나 편리성이 크기 때문에 전기를 통해서 사용하는 방향으로 진행되고 있다.

전기를 만드는 에너지원

초창기 전기 생산을 위한 발전소의 에너지원은 수력과 석탄이었고 이들은 현재까지도 전기를 만드는 데 사용되고 있다. 그리고 시간이 지나면서 전기를 만드는 에너지원은 점점 더 다양해지고 있다. 먼저 화석 연료 중에서는 천연가스가 사용되기 시작했고, 그 사용량이 늘어나고 있다. 가스는 처음에는 증기 발전소의 연료로 사용되기도 했고, 1937년부터는 산화 가스를 이용한 가스터빈 발전이 가능해졌다. 그리고 1961년 가스터빈을 통과하면서 발전을 한 고열의 가스를 사용해서 다시 증기 발전을 하는 복합 발전소가 건설되어 발전 효율이 획기적으로 높아졌고 그 비중 또한 커지고 있다. 중유도 일부 사용되지만 전체에서 차지하는 비율은 미미하다. 20세기 중반부터 원자력이 발전에 사용되기 시작했고, 20세기 후반부터는 태양광이나 풍력을 포함한 다양한 재생에너지도 발전에 사용되고 있다. 중요한 에너지원들에 대해서 간단히 살펴보자.

수력

수력은 오래전부터 에너지원으로서 사용되어 왔지만 수력을 이용하여 전기를 생산하게 되면서 그 위상이 달라졌다. 과거에는 흘러내리는 물이 수차(물레방아)를 회전시키면서 일을 하는 방식으로 이용되었고 저수지는 농업용수나 식수를 공급하기 위해서 만들어졌다. 그런데 안정적으로 전기 발전을 하기 위해서는 물의 위치에너지가 높아야 했기 때문에 높은 댐을 만들고 많은 양의 물을 저장하여 활용하게 되었다. 물을 저장해서 활용하기 위한 소규모 저수지는 문명이 시작되면서부터 만들어졌는데 대부분 높지 않았다. 5세기에 만들어진 스리랑카의 높이 34m의 댐이 천 년 동안 세계에서 가장 높은 댐이었을 정도이다. 하지만 전기를 만들 수 있게 되면서 본격적으로 수력 발전을 위한 큰 댐들이 건설되기 시작했고, 1936년 완공된 미국의 후버댐은 거대 규모 댐(mega dam) 건설의 신호탄으로 높이 221m, 저수량 320억 m³에 달하는, 당시로서는 상상할 수 없는 크기의 댐이었다. 이후 큰 댐이 국가 발전의 상징물이라는 의미까지 추가되면서 전 세계에서 활발하게 대형 댐 건설 붐이 일어나, 건설 당시 세계에서 가장 컸던 후버댐도 이제는 10위 안에 들어가지도 못한다.

수력 발전은 물의 위치에너지가 운동에너지로 전환되어 발전하는 것인데 물을 댐에 채우는 것이 자연의 순환 과정에서 일어나는 일이라 인위적인 에너지가 들어가지 않기 때문에 수력 발전은 댐 건설만 하면 운영 비용이 별로 들어가지 않는 것으로 인식되고 있다. 이 때문에 수력 발전 조건이 좋은 나라들은 발전의 상당 부분을 수력에 의존하고 있다. 노르웨이는 99%의 전기를 수력 발전으로 생산하고 있고, 뉴질랜드는 75%, 라틴 아메리카 국가들도 평균 70%의 전기를 수력으로 생산한다.

물론 댐의 건설 목적이 전기 발전만을 위한 것은 아니고 안정적인 물 공급 및 홍수 조절 등의 목적도 있지만, 전기를 만드는 기능이 없었다면 현재와 같이 많은 숫자의 큰 댐을 건설해서 이용하는 일은 없었을 것이다. 다만 댐만 만들면 전기는 거의 무료로 얻을 수 있다는 인식도 있었던 과거와 달리, 현대에 들어와서는 댐 건설과 운영 과정에서 자연환경, 야생동물, 그리고 주거하던 사람들에 미치는 악영향도 고려해야 한다는 인식이 커졌고 댐 건설에 반대하는 사람들도 늘면서 자연히 댐 개수의 증가 속도가 과거에 비해서 줄어들었다.

그리고 전기 발전과 연계해서 에너지를 저장할 수 있는 양수 발전소도 19세기 말부터 건설되기 시작했다. 양수 발전소는 서로 고도차가 있는 두 개의 저수지를 활용해서 에너지 저장 역할도 하는 발전소이다. 에너지를 저장한다는 것은 펌프를 사용해서 아래쪽 저수지의 물을 위쪽 저수지로 옮겨 놓는 것을 말한다. 이렇게 위로 올라간 물은 또 다시 전기를 만들어 낼 수 있게 된다. 물론 에너지 측면에서만 보면 이것은 이득이 전혀 없고 오히려 물을 올리고 내리는 과정에서 에너지 손실이 있다. 에너지 손실이 있음에도 양수 발전소가 만들어지고 운영되는 이유는 전기 생산과 소비에 차이가 있기 때문이다. 발전 장치들을 쉽게 켜고 끌 수 없기 때문에 소비가 줄어들었을 때

남는 전기들이 생긴다. 이렇게 전기가 남을 때 전기로 양수 발전소의 아래쪽 물을 위쪽으로 옮겨 놓으면 전기 사용이 늘어나서 전기가 부족해질 때 발전할 수 있게 된다. 특히 수력 발전은 물을 흘리는 즉시 전기가 만들어지기 때문에 급하게 전기를 만들 필요가 있을 때 아주 유용하다. 그리고 에너지 손실은 모든 에너지 저장 장치에서 피할 수 없는 것인데 현재까지 개발되어 사용되는 에너지 저장 방법 중에는 양수 발전이 가장 손실이 적다. 또한 전기를 저장할 수 있는 용량도 가장 크게 만들 수 있다. 이러한 장점 때문에 양수 발전소가 계속 건설되고 있어서 현재 전 세계의 양수 발전 설비의 용량은 전체 수력 발전용량의 10%에 달하고 있다.

원자력

현재 전 세계 전기의 10% 이상을 생산하고 있는 원자력 발전은 전기를 사용하기 시작한 덕분에 인류가 사용할 수 있게 된 에너지원이다. 인류는 1945년 7월 16일 이루어진 원자폭탄 실험을 통해서 그 전에 볼 수 없었던 크기의 새로운 불의 결과를 목격한다(《그림 6》). 원자폭탄은 물질과 에너지가 서로 연결되어 있고 그 관계가 아인슈타인(Albert Einstein)이 상대성이론을 바탕으로 제시한 $E = mC^2$으로 주어진다는 학설을 바탕으로 만들어진 것이다. 원자폭탄은 핵분열 반응을 이용한 것인데, 핵분열이란 원자량이 큰 물질이 원자량이 작은 물질들로 분리되는 것이다. 그리고 이 과정에서 새로운 물질의 총 질량이 원래 물질의 질량보다 줄어들고 이 줄어든 질량이 에너지로 변환되면서 막대한 양의 에너지가 방출된다. 최초의 핵무기 실험 결과 방출된 에너지의 양은 TNT 20킬로톤이 터질 때 나오는 에너지보다 많았고, 그 이

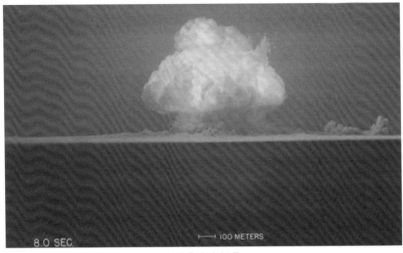

8.0 SEC.   ⊢——⊣ 100 METERS

그림 6 최초의 핵실험인 트리니티 폭탄이 터진 후의 버섯구름

전에는 경험할 수 없는 막강한 위력이 있었다. 원자폭탄은 1945년 8월 6일
과 9일 두 번 실제 사용되었다. 그 결과 엄청난 살상과 파괴가 일어났고, 피
폭 후유증이 오래 지속되고 넓은 지역에서 방사능 오염이 발생하는 등 원자
폭탄은 인류가 그동안 만들었던 것 중에서 가장 위험한 불인 것이 확인되었
다. 그리고 또 다른 핵 반응인 핵융합 반응을 이용한 수소폭탄 실험도 1952
년 11월 1일 성공했고, 이 폭탄의 위력은 원자폭탄보다도 10배 이상 컸다.
그 후 각 나라에서는 경쟁적으로 원자폭탄과 수소폭탄을 개발해서 보유하고
있기 때문에 현재 각 나라가 보유하고 있는 숫자를 다 더해 보면 인류 문명
을 몇 번이나 완전히 파괴할 수 있을 정도이다.

그런데 이러한 무기로서의 원자폭탄과는 별도로 핵분열 반응 속도를 늦
추어서 전기 발전에 활용하는 논의와 연구가 1950년대 초부터 시작되었고

1953년 아이젠하워 미국 대통령이 UN에서 행한 원자력에 대한 중요한 연설을 계기로 원자력 발전 연구가 활성화된다. 아이젠하워는 연설에서 원자폭탄의 엄청난 파괴력이나 각국의 경쟁적인 폭탄 제조에 대해 언급한다. 그리고 역사에서 큰 파괴자들이 가끔 보이지만 실제 역사는 끊임없는 평화와 건설을 추구한다고 하면서, 미국은 국제 협력을 통해서 원자력을 평화적으로 이용하는 것을 추구하겠다고 선언했다.[3] 이후 국제적으로 원자력 발전 연구가 진행되어 곧 성과를 얻게 된다. 최초의 원자력 발전소가 1954년 건설된 것을 시작으로 원자력 발전소가 늘어나서 현재 전 세계 전기 발전량의 10% 정도의 전기를 만들어 내고 있다.

원자력 발전은 원자폭탄과는 달리 핵분열 반응을 천천히 일으키면서 그때 생기는 열로 증기 기관을 가동시켜 전기를 만드는 것이다. 발전의 원리나 발전 장치는 다른 발전소보다 오히려 간단하다. 그렇지만 핵분열 과정에서 여러 방사능 물질들이 나오기 때문에 이를 잘 처리해서 환경과 인류에게 해를 끼치지 않게 하는 것이 가장 핵심적인 기술이다.

이런 핵분열 반응을 인류가 이용할 수 있게 된 것은 전기를 만들 수 있기 때문이다. 만일 전기를 만들어서 사용할 수 없다면 아무리 핵 반응을 감속시킨다고 할지라도 그 에너지를 사용할 수 있는 방법은 없기 때문에 전기 사용으로 인하여 새로 발굴된 에너지원의 하나라고 할 수 있다.

---

3 이 연설은 국제 원자력 기구(IAEA) 설립의 계기로 인정되고 있으며, 연설 전문은 IAEA 홈페이지에서 찾을 수 있다. https://www.iaea.org/about/history/atoms-for-peace-speech

재생에너지

전기 때문에 사용할 수 있게 된 또 다른 에너지원은 소위 '재생에너지(renewable energy)'라 불리는 에너지원들이다. 이 범주에 태양광, 태양열, 풍력, 지열, 조력, 파력 등 다양한 에너지원들이 포함되어 있다. 그런데 여기서 '재생'이라는 단어가 정확한지는 의문이 있다. 그 이유는 이 에너지들은 계속 생기는 것이고 재생되는 것은 아니기 때문이다. 재생에너지를 나누어 보면 태양의 복사에너지(태양광, 태양열), 태양 복사의 영향으로 생기는 지구 표면의 온도 차이에 의해서 생기는 유체의 흐름(풍력, 파력), 지구 내부의 열(지열), 그리고 달 운동의 영향을 받는 조수 간만의 변화에 의한 것(조력) 등이다. 이러한 에너지의 원천은 태양, 지구, 그리고 달과 같이 수명이 아주 길거나 오래 지속될 것으로 예상되는 존재에서 만들어지는 현상이기 때문에 오래 사용할 수 있다. 따라서 이 에너지들을 재생에너지라고 부르기보다는 '긴 기간 동안 지속 가능한 에너지'라고 표현하는 것이 정확하고, 줄여서 '지속 가능한 에너지(sustainable energy)'로 표현하는 것이 올바를 것으로 생각된다. 다만, 이 표현은 필자의 의견이고 일반적으로 사용되는 것은 아니어서, 이 책에서는 독자들에게 익숙한 표현인 '재생에너지'라는 단어를 사용하겠다. 그리고 이런 개념에서 본다면 수력에너지도 재생에너지에 포함된다. 다만 수력 발전은 역사도 오래되고 발전량도 많기 때문에 별도로 고려할 때가 많다.[4]

현재 재생에너지원 중에서 큰 비중을 차지하는 것은 태양광과 풍력이다.

---

4 국내에서는 수력을 별도로 고려하면서 '신재생에너지'라는 표현을 쓰고 있긴 한데 세계적으로 보면 'renewable energy'라는 말이 보편적이기 때문에 이 책에서는 '재생에너지'로 쓰고자 한다.

태양광 발전은 태양전지를 통해서 발전이 이루어진다. 태양전지에 태양광이 비추면 전지 내부에서 안정된 자리에 있던 전자가 빛의 에너지를 받아서 움직일 수 있게 되고, 이 전자가 외부 회로를 통해 흐르면서 전류가 생기는 방식이다. 풍력 발전은 증기 대신에 바람이 풍력 발전기의 날개를 돌리면 이와 연결된 발전기에서 전기가 만들어진다.

2018년 세계 전기 생산량 중에서 재생에너지로 만든 비율은 9%를 넘는다. 다만, 나라마다 재생에너지를 규정하는 것에 조금씩 차이가 있고, 특히 폐기물을 연소시켜서 발전하는 바이오 에너지를 재생에너지에 포함하는 나라가 많아서, 엄밀한 의미의 재생에너지의 기여는 이 값보다 적다. 다만 많은 나라에서 빠른 속도로 발전 설비를 늘리고 있기 때문에 앞으로 비중은 계속 커질 것이다.

에너지원의 변화와 현황

나무는 인류가 가장 오랜 기간 사용한 에너지원이고, 산업혁명으로 석탄의 사용이 활성화한 이후에도 한참 동안 가장 많이 사용된 에너지원이기도 했다. 또한 인류가 처음 불을 동굴로 옮겨서 사용하기 시작한 이후 석유가 본격적으로 사용되기 시작한 1970년대 이전까지 가장 많이 사용된 연료이기도 했다. [5] 그런데 나무는 가정용 연료로서는 큰 문제가 없었지만, 금속이

---

5 우리나라의 에너지 통계를 보더라도 나무가 얼마나 중요했는지 쉽게 이해할 수 있다. 우리나라의 에너지 통계를 정리한 국가에너지통계 종합정보시스템(http://www.kesis.net/main/main.jsp)의 자료를 보면 우리가 사용한 에너지원의 변화를 알 수 있다. 1962년에 우리나라에서 사용된 1차 에너지원은 신탄(나무+낙엽)이 51.7%, 석탄이 36.8%, 석유가 9.8%, 그리고 수력 1.7%이었다. 그런

나 도자기를 만들기에는 충분하지 않아서 나무를 목탄으로 전환해서 청동기, 도자기, 철 등을 만들었다. 그리고 산업혁명으로 수요가 급증하는 철을 제조하기 위해 목탄용 목재를 공급하는 과정에서 울창한 삼림이 황폐해지는 문제가 생기고, 목탄에서 얻을 수 있는 온도보다 더 높은 온도가 필요해지면서 석탄을 사용해 금속을 만들기 시작했다.

이후 석탄은 산업 현장뿐 아니라 각 가정에도 사용되면서 사용량이 늘어나게 된다. 또한 석탄에 이어서 다른 화석 연료도 사용되기 시작한다. 석탄에 이어서 20세기 초반부터 석유 사용이 늘어났고, 20세기 후반부터는 천연가스 사용도 늘어나고 있다. 이 결과 나무에서 화석 연료로의 에너지 전환은 확실하게 이루어졌다. 2018년 세계 1차 에너지원[6] 소비량 중에 화석 연료가 차지하는 비중을 보면 석유가 33.2%로 가장 많고, 석탄이 27.6%, 가스가 24.1%여서 전체 에너지 공급량의 84.9%를 화석 연료에 의존하고 있다.

전기 생산과 열에너지 공급에 사용되는 화석 연료와는 달리 다른 1차 에너지원은 주로 전기를 만드는 용도로만 사용되고 있는데, 수력, 원자력, 그리고 다양한 재생에너지들이 있다. 2018년 1차 에너지원 중에 이들의 기여

데 1965년에 석탄 소비량이 나무의 소비량을 넘게 되고 에너지 소비량의 비율이 석탄 43.6%, 신탄 42.8%, 석유 12.1% 등이 된다. 다시 말하면 우리나라 5천 년 역사 거의 전 기간에 걸쳐서 나무가 가장 중요한 에너지원이었다. 그리고 60년대 말에서 70년대에 걸쳐서 삼림을 보호하려는 강력한 정부 정책과 효율적이고 편리한 연탄이라는 연료가 등장함으로써 나무 연료 소비는 급격하게 감소하여 1977년에 10% 아래로 내려가고 1980년대에는 무의미한 수준으로 변화한다.

6 1차 에너지원이란 우리가 자연에서 얻는 에너지원 그 자체를 의미한다. 석탄, 석유, 천연가스, 수력, 원자력, 태양열, 태양광, 풍력, 바이오매스, 지열 등이다. 이에 대비되는 단어로 2차 에너지원이 있는데, 2차 에너지원은 1차 에너지원을 사용해서 만들어지거나 가공된 에너지원으로 전기, 휘발유, 도시가스 등 우리가 직접 사용하는 것들이다. 이 책에서는 에너지원 자체의 기여를 비교하기 때문에 주로 1차 에너지원을 대상으로 분석했다.

도는 수력 6.5%, 원자력 4.2%, 재생에너지 4.5%로 비중이 크지 않다.

현대 사회는 에너지 소비량 자체가 매우 많다. 2018년 세계의 1차 에너지 공급량은 138억 TOE이다. 여기서 TOE라는 단위는 다양한 에너지원들의 발열 능력을 공통의 단위로 비교하기 위해서 만들어진 것이다. TOE는 Ton of Oil Equivalence의 약자이며, 그 의미는 어떤 에너지의 값을 석유 1톤의 발열량과 비교했을 때의 상대적인 값이어서 석유환산톤이라고 부를 수 있다. 이 값을 계산하기 위해서는 대상이 되는 일정량의 에너지원이 만들어 낼 수 있는 열량 값을 10^7kcal[7]로 나누어 주면 된다. 예를 들어서 천연가스 1톤은 1.178×10^7kcal의 연소열을 내기 때문에 1.178TOE이며, 석탄은 종류에 따라서 편차가 큰데, 연료용으로 사용되는 무연탄 1톤은 0.45~0.58TOE 범위를 갖는다. 따라서 연간 1차 에너지 소비량이 138억 TOE라는 것을 단순히 이야기하면 매년 석유 138억 톤에 해당하는 열량을 인류가 쓴다는 의미이다. 이 값은 인구 1인당 1.8톤에 해당하는 막대한 값이다.

이렇게 인류가 막대한 양의 연료를 사용한다는 사실을 알게 되면, 아래와 같은 의문이 들 것이다.

대체 이 막대한 에너지는 어디에 쓰이는가?

이렇게 에너지를 쓰고 있는데 문제가 생기지 않을까?

---

7 이 값은 석유 1톤의 발열량과 유사하다. 예전에 석탄이 중요한 에너지원이었을 때는 공통 단위로 석탄환산톤을 사용했었다. 그 후 석유가 에너지의 주 공급원이 되면서 석유를 기준으로 환산하기 시작했다. 그런데 발열량이 산지에 따라서 약간 편차가 있어서 현재는 석유의 발열량과 비슷하면서 계산하기 간편한 이 값을 사용하고 있다. 그래서 석유 1톤의 발열량은 1.0TOE가 아닌 1.073TOE 이다.

우리는 앞으로 얼마나 더 이렇게 막대한 에너지를 쓸 수 있는가?

막대한 에너지는 왜 필요한가?

19세기에 이루어진 여러 과학 기술의 진보는 20세기 급속한 문명의 발전과 소비의 증가를 가져왔다. 문명의 발전으로 다양한 물건의 대량생산이 가능해져서 늘어난 소비를 감당할 수 있었고 인류의 생활 수준은 향상했다. 그리고 늘어난 소비를 위한 제품생산에 필요한 재료의 사용량도 증가했다. 아래 〈그림 7〉은 1900년에서 2005년 사이에 인류가 소비한 자원의 양의 변화를 그린 것이다.

〈그림 7〉에 색으로 표시된 그래프들의 높이가 연도별로 다양한 자원들의 소비량을 보여 준다. 왼쪽 축의 값이 자원 소비량을 보여 주는 값인데 단위

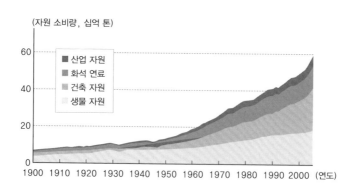

그림 7 세계 자원 소비량의 변화(1900년~2005년) [Krausmann et. al., 2009]

는 십억 톤(billion tons, 10^9톤)이다. 가장 아래쪽의 녹색은 생물 자원의 소비량으로 여기에는 연료와 도구를 만드는 목재 그리고 식량 등이 포함된다. 1900년에는 이 부분의 비율이 전체 소비량의 반 이상을 차지하고 있는 것을 알 수 있다. 그리고 생물 자원의 사용량은 매년 증가했지만, 다른 부분의 증가량이 빨라서 2005년에 생물 자원이 차지하는 비율은 전체의 1/3 정도에 그치고 있는 것을 알 수 있다.

생물 자원의 소비량에 비해서 건축을 위한 자원, 화석 연료 그리고 산업 자원 등 다른 자원 소비량은 아주 빠르게 증가했다. 이러한 증가의 결과 2005년 인류는 총량 600억 톤에 달하는 막대한 양의 자원을 소비하면서 생활을 영위하고 있다. 자원별로 이 기간 동안 소비량의 증가 정도를 보면 생물 자원은 3.6배 증가한 것에 비해서 화석 연료는 12배, 산업 자원은 27배, 그리고 건축 자원은 34배 증가했다. 그런데 그 기간에 인구는 4배 증가했기 때문에 1인당 자원 소비량을 보면 생물 자원은 오히려 약간 감소했다. 이러한 감소는 연료로 사용된 나무의 양이 감소한 영향일 것이다. 하지만 다른 자원들은 인구 증가 속도를 훨씬 넘게 증가했다는 것을 알 수 있다.

이러한 자원 소비의 증가를 통해서 인류는 여러 가지 이득을 얻었다. 냉난방을 통해서 자연환경의 변화를 좀 더 극복할 수 있게 되었고, 전기와 수도를 사용하면서 생활환경이 위생적으로 개선되고 의료 시설도 늘어나 인류의 평균 수명이 2배 가까이 증가했다. 이러한 변화는 결국 사람들의 삶의 질이 개선되고 복지 수준이 높아진 것을 의미한다. 그러나 이러한 개선된 생활환경이 만들어지고 원활하게 운영되기 위해서는 막대한 에너지의 소비가 동반된다.

막대한 에너지 소비에 따라 생기는 문제들

그런데 이러한 에너지 소비 증가에 따라 여러 가지 문제가 발생한다. 현재 가장 걱정되는 것은 에너지원 중에서도 화석 연료의 비중이 너무 높다는 것이다. 우선 화석 연료의 사용으로 발생하는 문제를 살펴보자.

사실 석탄이 본격적으로 사용되기 시작한 것은 지나친 목재 사용으로 삼림이 황폐해지는 것을 막기 위해서였다. 당연히 석탄의 사용 증가에 따라서 연료용 나무 소비가 급격하게 줄어들었다. 그 결과 많은 나라에서 훼손된 삼림이 회복되고 있고, 스위스 같은 나라는 계획적인 노력을 통해서 많은 인공림을 만들어서 삼림이 회복되었다.[주경철 등, 2020, p. 178]

그런데 석탄을 사용하기 시작하면서 대기 오염이라는 새로운 환경문제가 발생했다. 석탄의 사용을 선도했던 런던은 산업혁명 이후 발생한 지속적인 스모그로 많은 사상자를 냈다. 원인은 석탄 속의 황 성분이었다. 황이 산화하면서 황산화물(SO_2, SO_3 등)이 되고 이것이 공기 중의 수분이나 안개의 비말을 만나서 황산(H_2SO_4)으로 바뀌면서 햇빛 차단, 산성비, 호흡기 질환 유발 등 여러 문제를 일으키는 것인데 이렇게 만들어진 스모그를 '런던형 스모그'라고 부르기도 한다. 이 문제는 석유를 사용하던 초기에도 유사한 문제를 일으켰다. 그 후 사용 전에 미리 황을 제거하는 것으로 문제가 완화되었다. 최근에는 미세먼지 발생에 대해서 우려하고 있고, 이에 대한 해결 방안을 찾고 있는 중이다.

하지만 최근에 들어와서 다른 종류의 환경 문제가 떠오르고 있다. 그동안 이슈가 되었던 환경 문제는 주로 건강 유해 요인에 대한 것들이었으나 새로

이 떠오르는 문제는 온실가스, 특히 화석 연료에 의한 이산화탄소 발생에 대한 것이다. 지금까지의 환경 문제는 보통 직접적인 환경 파괴 또는 인체 유해성이 보이는 물질로 인한 사항들이었는데, 이렇게 건강과 직접 관련이 없는 이유로 문제가 된 것은 처음이라고 할 수 있다. 게다가 황산화물이나 미세먼지 등의 문제는 문제가 되는 물질을 처리하거나 배출을 막으면 해결할 수 있는 것이었지만, 이산화탄소는 화석 연료를 사용하는 한 반드시 만들어지고, 만들어진 이산화탄소를 처리할 수 있는 좋은 방법이 아직까지는 없기 때문에 사용하지 않는 것 외에는 다른 해결책이 없다는 것이 문제이다. 따라서 이 문제는 앞으로 화석 연료 사용에 큰 영향을 줄 것으로 생각된다.

저탄소 에너지원이 확대될 때 일어나는 일

이제 에너지 사용의 미래에 대해서 생각을 해 보려고 한다. 즉, '인류가 사용할 수 있는 에너지는 얼마나 남아 있는가?', '미래에 인류는 어떤 에너지를 사용해서 살아갈 수 있는가?' 라는 질문에 대해서 생각해 보도록 하자.

최근에는 온실가스 문제가 큰 관심을 끌고 있지만 2000년대 전에 더 심각하게 논의된 것은 화석 연료가 얼마 남지 않았을 수 있다는 문제였다. 처음으로 심각하게 이 문제를 제기한 것은 1972년 로마클럽에서 낸 '성장의 한계'라는 보고서였다. 환경오염 등 다른 문제도 있지만, 특히 사람들이 충격을 받았던 것은 석유나 천연가스를 사용할 수 있는 시간을 아무리 낙관적으로 잡아도 50년밖에 남지 않았다는 주장이었다. 이 보고서가 발표된 직후 석유 파동이 일어나서 석유값이 급등하는 등 상당 기간 인류는 화석 연료의 고갈에 대한 걱정을 많이 했고, 이에 대한 대응으로 원자력 발전을 늘리고 재생에너지 개발이 추진하기 시작했다.

그러나 '성장의 한계'에서 예상한 것보다 실제 지구상에는 석유나 가스의 매장량이 많았고, 셰일 가스나 셰일 오일 등의 비전통 화석 연료 자원들이 계속 개발되면서 화석 연료의 매장량이 예상보다는 많다는 것이 확인되고 있다. 이 때문에 최근에는 화석 연료 고갈에 대한 문제가 가끔 언급되기는 하지만 그렇게 심각하게 받아들여지고 있지 않다. 그 대신 지구 온난화 문제를 심각하게 보면서 아예 화석 연료를 사용하지 않아야 한다는 움직임이 갈수록 거세지고 있다. 이러한 움직임이 결실을 거두려면 화석 연료가 아닌 다른 수단으로 인류가 사용할 수 있는 에너지를 공급할 수 있어야 한다. 그런데 앞에서도 이야기했지만 현재 인류는 막대한 에너지를 소비하고 있다. 그리고 전체 에너지의 85% 정도를 화석 연료에서 얻고 있다. 따라서 이렇게 비중이 큰 화석 연료의 사용을 중단하고 다른 에너지원으로 전환하는 것이 가능할 것인가에 대해서는 진지한 고민이 필요하다.

화석 연료를 제외하고 인류가 현재 사용할 수 있는 에너지원은 수력, 원자력, 그리고 재생에너지인데 재생에너지 중에서 태양광과 풍력 정도가 상당히 많은 전기에너지를 만들어 낼 수 있다.[8] 다시 말해 에너지 전환의 문제는

8 한국을 포함해서 여러 나라에서 바이오매스를 연소해서 에너지를 얻는 것을 재생에너지에 포함시키고 있고, 이산화탄소 배출량 계산을 할 때 나무를 연소시키는 것을 제외하기 때문에 이 부분도 재생에너지원으로 넣을 수도 있다. 그렇지만 세계 인구가 지금보다 훨씬 적은 시절에도 나무를 연료로 사용했을 때 자연의 재생 능력 이상으로 사용하여 삼림이 훼손되었기 때문에 현재와 같은 인구에게 나무가 공급할 수 있는 에너지는 한계가 많아서 이 부분은 논의하지 않겠다. 지열 발전도 화산 활동이 활발한 몇 나라에서는 상당한 수준의 전기 생산을 하고 있지만 전체적인 기여도는 높지 않다.

이 네 가지 저탄소 에너지원이 '그동안 화석 연료가 했던 역할을 대체할 수 있는가?'라는 문제로 귀결된다. 대체를 위해서는 두 가지 이슈가 있다. 하나는 역할이고 또 하나는 양이다.

먼저 역할을 살펴보자. 화석 연료는 현재 전기 생산, 열에너지 공급, 금속 제조, 그리고 폴리머 제조를 위한 원료의 역할을 하고 있다. 전기를 만드는 역할은 당연히 대체가 가능하다. 현재 화석 연료의 열에너지가 사용되고 있는 분야 역시 전기로 대체할 수 있다. 다만 화석 연료로 전기를 생산하면 전환 과정에서 50% 이상의 손실이 생기기 때문에 이렇게 만들어진 전기를 열에너지로 사용하는 것은 비효율적이며, 전기가 다른 방법으로 생산되었을 때 대체의 의미가 있다. 그리고 금속 제조에 사용되는 화석 연료의 역할은 전기 제련을 하거나 전기를 사용해서 수소와 같은 환원제를 만들어서 금속을 만들 수 있다. 다만 마지막 역할인 폴리머 제조의 원료 역할은 전기가 대체할 수 있는 것은 아니기 때문에 화석 연료는 폴리머의 원료로서의 역할을 계속하게 될 가능성이 높다.[9]

다음은 양에 대해서 살펴보자. 간단하게 계산하면 현재 15%를 차지하고 있는 이러한 저탄소 에너지원들이 나머지 85%의 화석 연료의 역할까지 맡아야 한다는 것은 현재보다 6배 이상의 전기에너지를 공급해야 한다는 뜻이다. 그러나 이렇게 크게 발전 비중을 높이는 것은 쉽지 않고 긴 시간이 필요할 것이다. 긴 미래에 대해서는 다음에 살펴보기로 하고 우선 저탄소에너지원의 비중이 높아지는 과정에서 마주해야 할 문제들을 살펴보자.

---

9 물론 이 역할도 전기로 폴리머의 역할을 대신할 다른 재료를 만들어서 대체할 수도 있지만 그에 필요한 막대한 에너지와 필요한 다른 재료의 양을 생각해 보면 실현 가능성은 높지 않다.

이 네 가지 에너지원 중에서 수력 발전은 현재까지 재생에너지 중에서 가장 많은 기여를 하고 있지만, 최근 성장 속도가 낮은 편이고, 앞으로도 서서히 증가하는 수준을 넘지는 못할 것으로 예상된다. 이에 비해서 나머지 에너지원은 다른 제약 조건이 없다면 발전소를 많이 만들어 인류가 사용할 에너지를 공급할 여력이 있다.

우선 원자력을 보자. 원자력 발전은 연료를 사용하기 때문에 연료 자원의 공급이 가능한가에 대한 검토가 필요하다. 현재 대부분의 원자력 발전소는 우라늄-235를 연료로 사용한다. 자연에 우라늄은 여러 동소체가 있는데 가장 많은 것은 우라늄-238이며 우라늄-235는 전체 우라늄의 0.5% 정도이다. 우라늄-235 기준으로 현재 채굴 가능한 매장량에서 추정한 사용 가능한 기간은 100년 남짓인데 이 시간은 사용량이 늘어나면 줄어들 것이다. 그렇지만 화석 연료에서 확인되었듯이 현재 알고 있는 채굴 가능한 매장량이 지구가 가지고 있는 자원의 총량을 뜻하는 것은 아니므로, 이보다는 더 긴 기간 에너지 공급이 가능할 것으로 보인다.

그런데 원자력 발전은 한 번 발전을 시작하면 계획된 기간 이내에는 특별한 이유가 없는 이상 발전량을 조절하거나 중단하지 않고 계속 발전해야 한다는 특징이 있다. 이 때문에 모든 전기를 원자력에서 충당하도록 발전소를 늘리는 것은 효율적이지 않다. 그 이유는 전기 사용량이 일정하지 않기 때문이다. 전기 사용량은 하루 중에도 크게 변화하며, 대체로 낮에 최고 사용량을 보이고 야간, 특히 새벽 시간에는 사용량이 매우 낮아진다. 그래서 원자력 발전소의 발전 총량은 하루 중에 가장 소비량이 낮을 때의 수준 이상으로 발전을 하게 되면 남는 전기 때문에 문제가 된다. 다른 나라와 전력선

이 연결되어 있는 프랑스 같은 나라에서는 야간에 주위 국가들에 전기를 보내면 되기 때문에 원자력 발전의 비중을 상당히 높게 유지할 수 있지만 모든 나라가 이런 식으로 할 순 없다. 따라서 원자력 발전의 비중은 전기 사용량이 적을 때 원자력 발전으로 다 공급할 수 있는 수준까지 높일 수 있다. 이 수준을 넘게 되면 전기 소비량이 적을 때 생산되는 전기를 저장할 에너지 저장 장치를 갖추거나 원자력 발전의 발전량을 조절할 수 있는 기술의 개발이 필요하다.

태양광이나 풍력은 오래 지속될 수 있는 자연력에서 에너지를 얻는 방법이고, 자원의 양이 부족하지 않기 때문에, 발전소를 충분히 만들고 잘 활용할 수 있다면 인류의 모든 에너지 소비량을 공급할 수 있을 것이다. 그렇지만 그에 따른 문제가 간단하지 않다. 우선 이 두 가지는 날씨에 영향을 받기 때문에 그 발전량을 우리가 쉽게 조절할 수 없는 것이 가장 큰 문제이다. 예를 들어 태양광은 밤에는 발전을 할 수 없다. 그리고 낮 시간에도 태양의 각도가 변해 가면서 시간에 따라 발전량이 달라진다.

〈그림 8〉은 일조 시간이 12시간일 때 발전이 가능한 낮 시간에 태양 조사량의 시간에 따른 변화량을 보여 준다. 그래프의 세로축의 값은 그날 최대 조사량[10] 대비 해당 시간의 조사량이다. 그림에서 알 수 있는 바와 같이 해가 떠 있는 낮 시간에도 태양전지의 발전량이 크게 변화한다. 이 때문에 태양전지만으로 모든 전기 에너지를 공급할 수 없고 태양전지 발전이 취약한 시간대에 발전 가능한 수단이 필요하다.

10 하루 중 최대 조사량이 일정한 것이 아니고 태양 전기가 설치된 지역의 위도, 설치된 태양전지의 각도, 태양의 고도에 따라서 달라진다.

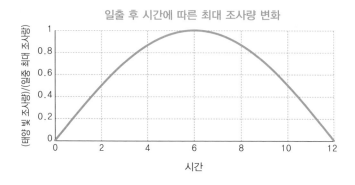

그림 8 일출 후 시간에 따른 태양 빛 조사량 변화

그리고 태양전지는 조사되는 태양 빛이 아닌 전지에 도달하는 태양 빛에 비례해서 전기를 만들기 때문에 문제가 더 복잡해진다. 즉, 태양 빛을 흡수하거나 산란시키는 대기 중 구름층의 종류와 양에 영향을 받는다. 따라서 실제 태양전지가 받는 빛은 〈그림 8〉의 그래프보다는 항상 적다. 이보다 더 큰 문제는 태양전지에 도착하는 빛의 양을 예측하는 것이 매우 어렵기 때문에 발전량도 정확하게 예측하는 것이 어렵다는 것이다.

풍력 발전에도 비슷한 문제가 있다. 풍력은 태양광과는 달리 발전이 불가능한 시간이 없기 때문에 24시간 발전이 가능하다. 그렇지만 끊임없이 변화하는 바람의 방향과 속도에 발전량이 의존하기 때문에 변동의 정도는 태양광보다 더 크다. 그리고 바람 자체가 많은 요인들의 영향을 받고 있어서 풍력의 장기적인 안정성은 태양광보다 낮은 편이다. 이러한 순간순간의 변동 외에도 장기간의 기후 변동에도 영향을 받는다. 광범위한 지역의 풍속의 데이터를 분석한 결과 1970년대부터 2010년까지 지구 표면의 바람의 속도가 감소하였고, 2010년에서 2017년까지는 증가하는 모습을 보였다.[Zeng et. al., 2019] 그리고 아직 이러한 변화의 원인을 이해하고 있지 못하기 때문에 앞으로 어떻게 변화할 것인지 예상할 수 없는 상황이다.

만일 태양광과 풍력 발전소들을 가지고 있다면, 아주 맑은 날 낮에 바람도 많이 불 때는 두 발전소가 잘 돌아가면서 많은 전기를 만들어 낼 수 있다. 그런데 야간에, 바람이 거의 없을 때는 발전량이 거의 없을 수도 있다. 이 두 발전원의 비중이 크지 않을 때는 전력망의 여유 전력으로 이 변동을 보완할 수 있지만, 두 발전원이 주요한 발전 수단인 상황에서 갑자기 이러한 큰 변동이 생기면 전력망이 멈추는 일이 생길 수 있다.

따라서 태양광이나 풍력 발전이 늘어나면 이들의 불안정성을 보완해 줄 수 있는 수단이 필요하다. 하나의 수단은 발전소마다 에너지 저장 장치를 설치해서 많이 생산될 때 남은 전력을 저장했다가 발전량이 부족할 때 저장된 전력을 사용하는 것이다. 이미 대부분의 나라에서 양수 발전을 이러한 용도로 사용하고 있다. 그런데 저장 용량이 늘어나게 되면 배터리 같은 저장 장치를 추가 설치해야 하는데, 비용이 많이 들기 때문에 아직 많이 사용되지 않는다. 또 하나의 방법은 발전량이 부족할 때 이를 보충해 주는 전기를 생산할 수 있는 보조 발전소를 같이 운영하는 것이다.

현재 기술에서 보조 발전소로 가장 적합한 것은 수력 발전소이다. 전기가 부족해서 긴급 전력이 필요할 때 수력은 몇 분 이내에 전기를 만들 수 있다. 그렇지만 보조 발전소는 평소에는 운영하지 않다가 필요할 때만 발전을 해야 하는데, 탄소 발생이 가장 적은 수력 발전을 보조 발전소로만 사용하는 것은 저탄소 발전의 취지에 맞지도 않고, 수력 발전소를 충분하게 갖추지

[표 3] **현재 기술 수준에서 탄소 발생을 가장 줄일 수 있는 발전 방법**

발전소 역할	발전을 위한 에너지원
기저 전력을 담당할 발전소	원자력, 수력 (여건이 되면 지열)
나머지 발전을 담당할 발전소	태양광 또는 풍력
태양광이나 풍력을 보완할 발전소	가스, 수력

못한 나라도 많기 때문에 다른 대안이 필요하다.

가스 발전은 전력 생산에 1시간 내외의 시간이 필요하긴 하지만, 및 시간 걸리는 석탄 발전이나 즉각적인 대응이 거의 가능하지 않은 원자력 발전보다는 훨씬 빠르게 대응할 수 있다. 따라서 가장 현실적인 대안이기 때문에 많은 나라에서 재생에너지를 확대할 때 가스 발전소를 같이 증설하고 있거나 계획하고 있다. 따라서 현재의 기술 수준에서 전기 발전 전체를 이산화탄소 발생량이 거의 없도록 재생에너지만으로 발전을 하는 것은 불가능하며, 그래도 이산화탄소 발생을 최대한 줄이려는 방향으로 전기를 생산하고자 한다면 발전 구조를 〈표 3〉과 같이 조합해서 운영해야 할 것이다.

〈표 3〉에서 알 수 있는 것은 만일 수력 발전이 충분하다고 한다면 화석 연료인 가스를 사용하지 않고 전기를 만들 수 있지만, 수력은 환경의 영향을 많이 받고, 세계적으로 수력 발전 여력이 충분한 나라는 많지 않다. 따라서 대부분의 국가에서는 재생에너지 발전을 운영하기 위해서는 가스 발전이 같이 운영되어야 한다. 그래서 전기 생산을 위한 화석 연료의 사용을 피할 수 없다. 이런 이유와 앞에서 언급했던 전기 발전 효율을 고려한다면 전기로 열에너지를 대체하는 것은 경제적이지 않다. 따라서 현 상황에서는 화석 연료가 하고 있는 역할을 전부 전기에너지가 떠맡는 것은 효율적이지도 않고

가능하지도 않다. 그러나 앞으로 여러 기술 개발이 있을 것이기 때문에 가능성에 대한 판단은 보류하는 것이 좋을 것 같다.

그러면 이렇게 구성되는 발전 구조가 어떠한 결과를 가져오는지 이탈리아의 사례를 통해서 살펴보도록 하자.

에너지 정책 사례 검토—이탈리아

이탈리아는 1990년대부터 원자력 발전 중단 그리고 석탄 발전 감축을 진행해서 2010년 이후에는 원자력 발전은 없고, 화력 발전은 대부분 가스 발전을 하며, 나머지는 재생에너지로 전기를 만들고 있다. 한국전력거래소에서 분석한 2015년 이탈리아의 전기 발전 설비와 발전량의 상황은 〈표 4〉와 같다.[11]

〈표 4〉를 보면 이탈리아는 탄소 발생이 적은 재생에너지(수력, 지열, 풍력, 태양광) 계열 발전 설비가 42.8%이고 가스 발전 설비가 57.2%로 구성되어 있는 것을 알 수 있다. 〈표 3〉과 비교하면 이탈리아는 원자력 발전이 없기 때문에 수력, 지열, 그리고 가스 발전(화력)을 기저 발전으로 활용하는 것을 알 수 있다. 그리고 가스와 수력의 일부는 태양광 및 풍력의 변동성 대비한 보조 발전소 역할을 하고 있을 것이다.

이탈리아의 발전량에 기여하는 에너지원의 비중을 보면 가스 발전의 비중

11 이 내용은 한국전력거래소에서 발간한 보고서 (홍승완 저, 〈2017년 해외 전력 산업 동향—이탈리아〉, 2017.11)를 바탕으로 작성하였으며, 자료는 아래 사이트에서 확인할 수 있다.
https://www.kpx.or.kr/www/selectBbsNttList.do?bbsNo=202&key=355

[표 4] 2015년 이탈리아 발전 설비 및 발전량 현황   (화력은 대부분 가스)

에너지원	전기 발전 설비		전기 발전량	
	용량(MW)	비율	발전량(TWh)	비율
수력	22,560	18.8%	47.0	16.6%
화력	68,597	57.2%	192.1	67.9%
지열	821	0.7%	6.2	2.2%
풍력	9,162	7.6%	14.8	5.2%
태양광	18,892	15.7%	22.9	8.1%
합계	120,032	100%	283.0	100%

이 67.9%로 설비 용량 비중보다 10% 이상 높다. 그에 비해서 태양광은 발전 설비가 차지하는 비중은 15.7%인 데 비해서 발전량은 그 절반 정도인 8.1%를 기여하고 있다. 결과적으로 재생에너지 설비 용량은 42.8%인 데 발전량 기여는 32.1% 정도에 그치고 있다.[12]

일례로 현재 이탈리아가 운영하고 있는 전기 생산 방식은 효율적이지 않다는 것을 보여 주는 통계가 있다. 우선 이탈리아의 발전 설비와 발전량을 대한민국과 비교해 보자. 2015년 대한민국의 발전 설비용량이 97,649메가와트(MW)[13]인 것에 비하면 이탈리아는 120,032MW로 1.2배 이상의 설비 용량을 가지고 있다. 그런데 발전량은 대한민국이 528테라와트시(TWh)인 데 비해서 이탈리아는 반이 조금 넘는 283TWh를 발전하고 있다. 이것은 이탈

---

12 이렇게 재생에너지 발전 기여율이 낮은 것은 이탈리아만의 문제가 아니다. 같은 해 자료를 보면 독일도 재생에너지원의 발전 설비는 47.8%인데 발전량 기여율은 30.5%이고, 다른 국가들도 비슷하다.

13 2015년 대한민국의 설비 용량을 부문별로 보면 수력 6,471MW, 원자력 21,716MW, 화력 58,453GW(가스 28,999MW), 재생 5,649MW, 지열 5,360MW 등으로 구성되어 있다.

리아는 발전 필요량에 비해서 훨씬 더 많은 설비를 가지고 있다는 뜻이며, 이렇게 많은 설비가 필요한 이유는 재생에너지 발전 방법의 불안정성 때문이라고 풀이할 수 있다.

또한 이탈리아 방식의 전기 발전은 발전 비용이 많이 들어간다. 비용에는 과다한 설비도 원인이 있지만 가격이 비싼 가스 발전의 비중이 높기 때문이기도 하다. 그 결과 이탈리아는 전기 가격이 유럽에서도 상위권에 속한다. 그리고 2015년 전력의 순수입량이 자국 국내 발전량의 16%에 해당하는 46.4TWh에 달할 정도로, 유럽에서 가장 많은 전기를 수입하는 나라이다. 이러한 이탈리아의 현실은 가스와 재생에너지로 구성되는 전기 발전 전략이 현시점에서 경쟁력이 낮다는 것을 보여 준다.

그렇다고 이러한 전기 생산 구조가 심각한 결함이 있어서 앞으로 실현하기 어려울 것이라고 단정지을 수는 없다. 만일 현재와 같이 이산화탄소 발생을 줄이거나 거의 없애려는 국제적인 움직임이 계속되고, 국제적인 동의와 실천이 진행되어서 세계 모든 나라가 이러한 형태로 전기를 생산하게 되면 대부분의 나라에서 유사한 형태의 발전 전략을 가질 수밖에 없을 것이다.[14] 그 상황이 된다면 이탈리아에서 진행하는 전기 생산 방식이 특별히 경쟁력이 없다고 볼 이유는 별로 없다.[15]

---

[14] 그러나 설령 이렇게 된다고 해도 모든 국가에서 같은 형태로 에너지원을 구성하지는 않을 것이다. 각 나라는 자국의 자연 조건이나 여러 상황을 고려해서 가능한 발전 방법(가스, 원자력, 재생(태양광, 풍력, 수력, 지열 등))을 다양한 구성으로 배분하게 될 것이다.

[15] 실제로 이탈리아는 다른 나라에 비해서 태양광, 풍력, 수력 등 재생에너지원의 품질이 좋고 양이 많은 편이다. 지중해 연안은 일조량이 아주 많은 지역이고, 바람도 풍향이 서풍으로 거의 일정하게 불고 있으며, 북부의 알프스 지역의 수력 자원도 풍부하기 때문에 재생에너지 경쟁력이 아주 높은 국가이다.

인류는 에너지 전환을 받아들일 수 있는가?

그런데 '이러한 전환이 일어난다면 어떤 상황이 만들어질 것인가?'에 대해서 생각해 볼 필요가 있다. 지금의 여건이 크게 변하지 않는다면 이탈리아의 상황에서 알 수 있듯이 이러한 형태로의 에너지 전환은 전체적으로 에너지 비용의 상승을 가져올 것이다. 그리고 모든 소비재가 그렇듯이 에너지도 가격이 올라가면 사용량이 줄어들게 될 것이다. 물론 환경을 중시하는 사람들의 입장에서는 이러한 에너지 소비 감소는 바람직한 일로 보일 수도 있다. 그렇지만 에너지 소비가 줄어드는 것을 '우리가 일상생활에서 지나치게 낭비하던 에너지 소비를 줄이는 것이기에 미래 세대에 도움이 된다.'고 이야기하면서 지나갈 수 있는 그런 간단한 문제가 아니다.

현대 생활에서 우리가 누리는 생활 수준, 소비 수준, 그리고 의식주는 모두 사용하고 있는 에너지를 바탕으로 이루어지고 있다. 에너지 소비가 준다는 것은 이 중에 일정 부분을 포기해야 한다는 것이다. 개인별로, 가구별로, 또는 회사별로 에너지 소비 현황을 보면 분명히 낭비 요인이 있을 것이기 때문에 어느 정도는 줄이면서 살아도 삶의 질이 크게 떨어지지 않을 수 있다. 하지만 이미 많은 가정에서 에너지를 가급적 아껴서 쓰고 있을 것이다. 개인적인 경험인데, 한 10여 년 전에 딸이 학교 과제의 일환으로 '10월을 전기 절약의 달'이라고 정하고 불필요하게 사용되는 전기를 끄는 일을 열심히 했다. 거실로 나오면서 끄지 않았던 방의 전등, 사용이 끝난 화장실이나 주방에 계속 켜져 있는 전등을 보는 대로 껐고, 식사를 하는 동안 TV를 끄거나 컴퓨터의 화면을 꺼 놓는 등 열심히 전기를 아꼈다. 그 결과로 얻어진 그달에 사용한 전기량을 전해의 같은 달과 비교하니 정확한 계산은 어려워도 대략 5% 정도 줄었다. 아마 이 정도가 가정에서 일상생활에 손상을 받지 않고 열심히 노력해서 절약할 수 있는 한계가 아닐까 한다. 그리고 산업체는 이보다 더 아껴 가면서 쓰고 있을 것이기 때문에 사업에 손상을 입지 않고 줄일 수 있는 에너지는 더 적을 것으로 생각된다. 그리고 절약할 수 있는 한도 이상으로 에너지 소비가 줄어들게 되면 결국 일상생활이나 회사의 사업에 손상을 가져오게 될 확률이 높다는 뜻이다.

여기에 더해서 현재 세계인의 생활 속에는 에너지 소비 감소를 받아들이기 어려운 근본적인 문제가 숨어 있다. 그 문제는 바로 에너지 소비의 불평등이다. 이 문제를 살펴보기 전에 우리가 에너지를 소비하는 방법을 알아보자.

인류가 연간 소비하는 에너지를 인구로 나눈 개인당 평균 소비량이 2016년에 1.8TOE 정도 된다. 이 글을 읽으면서 여러분들은 자신의 가정에서 소비하는 에너지 값을 계산해 보는 사람들도 있을 것이다. 예를 들어서 1인당 1.8TOE를 소비한다고 할 때, 가족 구성원이 4명이면 매년 7톤이 넘는 석유를 사용한다는 이야기이다. 그런데 가족들이 1년간 쓴 휘발유(1,000리터가 0.78TOE), 도시가스(LNG 1,000Nm³이 1.029TOE), 그리고 전기 사용량(1,000kWh가 0.23TOE) 등을 TOE로 환산해서 계산해 보면 대부분 가정의 소비량이 이 값에 미치지 못한다는 것을 알게 될 것이다. 그 이유는 에너지가 이렇게 직접적인 용도뿐 아니라 우리 삶의 모든 부분에 사용되고 있기 때문이다. 우리가 먹는 음식, 입는 옷, 사용하고 있는 모든 물건을 만들고 이동시킬 때 에너지가 쓰인다.

우리가 사용하는 모든 물건은 재료를 사용해서 만들어진다. 그리고 재료는 자연에 존재하는 자원에 에너지가 들어가야만 만들어진다. 따라서 자원이 재료로 만들어질 때까지 일정한 크기의 에너지가 필요하다. 이 값을 내재에너지(Embodied energy)라고 부른다. 이 값은 같은 재료라도 제조 방법과 경로에 따라 다르긴 한데, 많이 사용되는 재료에 대해서는 여러 제조 방법을 고려한 값이 계산되어 있다. 대표적인 재료들의 내재에너지 값을 보면 주철 17MJ/kg(1kg을 만들 때 17MJ[16]의 에너지 필요, 이하 다른 재료도 같은 단위이므로 단위 생략), 강철 32, 알루미늄 200, 구리 72, 플라스틱 80, 고무 110, 유리 15 등이다. 이 값을 가지고 특정 제품에 필요한 재료를 만드는 데 들어간 에너지 값을 계산해 보면 1.5kg 정도의 커피포트는 0.15GJ 정도이며, 55kg의 세탁기는 2.3GJ이고, 1,350kg인 자동차는 69GJ이다.[Ashby, 2013, pp. 193-214] 최종 제품은 이 재료의 에너지에 제품 제조와 운송에 따른 에너지가 더 필요하기 때문에 각 제품을 만들기 위해서는 이 값보다 더 많은 에너지가 들어간다. 따라서 우리가 어떤 제품들을 사면 그 순간에 에너지를 소비한 것으로, 예를 들어 중소형 자동차를 구입하는 것은 69GJ의 에너지를 소비하는 것과 같으므로 TOE로 환산하면 대략 1.5TOE 정도의 에너지를 소비한 것이다. 이렇게 일반적인 소비 생활도 모두 에너지를 쓰는 것이다. 이러한 개인적인 소비뿐만 아니라 우리가 이용하는 대중교통이나 도로

---

16 MJ은 10^6J(Joule)이다. 그리고 GJ 은 10^9J이다. 이 책에서 사용하는 에너지 단위가 J 외에도 앞에서 설명했었던 cal, 그리고 전기에너지 양을 측정하는 kWh가 있다. 1kWh는 1kW의 전력을 1시간 사용한 값이며, 1kWh는 3.6MJ이다. 보통 4인 가구가 1달에 사용하는 전기량을 350kWh 정도로 추산하는데 이 값을 J로 환산하면 1.26GJ이다. 다시 말하면 1GJ이면 한 집에서 1달에 사용하는 전기에너지 값과 유사하다는 것을 알 수 있다. 석유 양으로 환산하는 에너지 단위인 TOE는 42GJ 정도의 값을 가진다.

나 공공 건축물 같은 사회기반시설 건설과 운영에 사용되는 에너지도 결국 우리가 소비하는 것이다. 그래서 우리는 눈에 보이는 전기, 가스, 그리고 휘발유의 사용량보다 훨씬 더 많은 에너지를 소비하면서 살고 있다.

다시 불평등 문제로 돌아가자. 우선 주위를 둘러보기만 해도 개인별로 에너지 소비량의 차이가 있다는 것을 바로 알 수 있을 것이다. 그런데 한 국가 내에서 살고 있으면 국가나 사회의 공동 소비량이 있어서 개인별 편차가 아주 큰 편은 아니다. 실제로 큰 문제는 국가별 편차이다. 2018년 자료를 분석해 보면 유럽에 사는 사람들은 1인당 연간 평균 에너지 소비량이 3.10TOE에 달하는 것에 비해서 아시아 지역에 사는 사람들은 평균 1.29TOE, 아프리카에 사는 사람들은 평균 0.64TOE의 에너지 소비량을 보였다. OECD 국가들만 모아서 보면 연간 1인당 4TOE가 넘는 에너지를 소비했다. 다시 말하면 선진국들의 국민들은 세계 평균보다 훨씬 많은 에너지를 소비하면서 살아가는 데 비해서 아프리카의 사람들은 세계 평균의 1/3 정도의 에너지만을 소비하고 있는 것이다. 이렇게 커다란 에너지 소비 격차 때문에 이산화탄소 문제(결국 에너지 문제)의 해결책을 찾는 것이 어렵다.

우리가 기후 또는 환경 문제를 해결하기 위해서 앞으로 에너지 소비를 줄여야 하거나 아니면 적어도 늘리지 않겠다고 하려면 에너지 소비량의 배분을 어떻게 할 것인가에 대해서 답할 수 있어야 한다. 예를 들어서 세계 인류가 1인당 평균 1.8TOE에 해당하는 에너지를 계속 사용할 수 있다고 할 때 아래 두 가지 중에서 어떤 것을 선택하는 것이 올바른 것일까?

1안: 각 개인 그리고 각 국가는 현재의 소비량을 유지한다.

2안: 세계의 모든 국가의 국민들이 평균적으로 1.8TOE의 에너지를 소비한다.

어느 것도 모두가 동의할 수 있는 선택지는 아니다. 1안은 현재 에너지 소비가 적은 국가의 국민들이 받아들일 수 없다. 그들도 전기 공급을 받아야 하고 냉장고를 집에 들여놓고 싶으며, 수돗물을 마시고 싶고, 도로망도 갖추고자 한다. 또 현재보다는 생활 수준을 높이길 원한다. 이 과정에서 에너지 소비량이 늘어나는 것은 피할 수 없다. 따라서 소비량을 늘리지 못한다는 것은 생활 수준 향상을 하지 말라는 것을 의미한다. 물론 강력하게 이산화탄소 감축을 주장하는 사람들을 포함해서 아무도 이렇게 주장하진 않는다. 하지만 다른 조치 없이 에너지 비용이 높아지는 정책을 펴면서 더 많은 에너지 생산을 억제하게 된다면 결국 현상 고착인 1안으로 가게 될 수밖에 없다.

2안은 전 인류의 인간으로서의 보편성을 생각한다면 우리가 당연히 가야 할 방향이다. 그러나 현재 에너지를 많이 사용하고 있는 국가의 국민들이 받아들일 수 없을 것이다. 물론 국가에서 이념적으로 또는 개인들 중에서도 일부 이러한 생각에 동의하는 사람들은 있을 가능성은 있다. 그러나 에너지 소비량을 크게 줄이는 과정에서 현재 생활 수준의 커다란 후퇴와 그 나라 경제 활동의 심각한 위축이라는 현실의 문제가 다가올 때 국민 대부분은 이러한 상황을 받아들이지 않을 것이다.

그러면 앞으로 어떻게 변화할 것인가에 대해서 생각해 보자. 과거 30년의 경향을 보면 에너지 소비량은 많이 사용하는 지역은 크게 증가하지 않았고, 적게 사용하던 지역에서는 늘어났다. 예를 들어서 유럽 지역은 1990년 1인당 3.11TOE에서 2018년 3.10TOE로 거의 변하지 않았다.[17] 이에 비해서 아시아는 같은 기간에 1인당 소비량이 0.67TOE에서 1.29TOE로 증가했다. 그리고 세계 평균 소비량의 변화를 보면 1990년 1인당 1.6TOE에서 2018년 1.8TOE로 증가했다. 이 증가 값은 크지 않아 보이지만, 그 사이 인구가 52억 6천만 명에서 76억 3천만 명으로 늘어나면서 세계 에너지 소비 총량은 1.6배 늘었다.

앞으로도 유럽이나 북미처럼 에너지 소비가 많았던 나라들의 소비량은 유지되는 경향을 보일 것으로 예상되고, 현재 소비량이 많지 않은 나라들은 계속 소비량이 늘어날 것이다. 이는 결국 전체 에너지 소비량이 늘어나는 결과를 가져올 것이다. 여기에 더해서 인구도 늘어날 것이기 때문에 앞으로도 상당한 기간에 걸쳐서 에너지에 대한 수요가 계속 늘어날 것으로 예상된다. 이렇게 늘어나는 에너지 수요를 제대로 공급하지 못한다면 세계는 에너지 자원을 둘러싼 끊임없는 분쟁에 휘말릴 것으로 생각된다. 이 책의 마지막 주제로 앞으로 인류가 어떤 에너지 자원을 사용하면서 살아갈 것인지에 대해서 살펴보기로 하자.

---

17 인구가 늘어났기 때문에 유럽의 소비량은 인구 증가에 비례해서 증가했다.

6

미래의 에너지원

인류에게 남아 있는 에너지원은?

미래에 사용할 에너지원을 생각할 때 가장 먼저 생각해야 할 것은 화석 연료를 얼마나 사용할 수 있을까 하는 점이다. 우선 물리적으로 화석 연료가 고갈되는 문제를 먼저 생각해 보자.

앞에서도 이야기했지만 로마클럽 보고서가 나올 때 석유가 40년 정도 사용할 수 있는 양이 남았다고 했고, 매년 발표되는 화석 연료의 양을 보면 석유나 가스가 50~60년, 석탄이 100년 정도의 가채매장량이 있다고 보고되고 있다. 그렇지만 가채매장량이 실제 남아 있는 양을 반영하는 것은 아니며, 우리는 이 기간보다 더 긴 시간 화석 연료를 사용할 수 있을 것이다. 그리고 기존의 화석 연료의 매장량에 더해서 현재까지 많이 사용되고 있지 않은 다양한 비전통 화석 연료 자원들이 있고, 이들의 매장량이 전통적인 화석 연료의 매장량에 비해서 적지 않다. 예를 들어서 화석 연료 계열 중에서 해저에 많이 있는 메탄하이드레이트(methane hydrate)의 매장량은 다른 모든 화석 연료를 합한 것보다 많은 양이 존재하고 있는 것으로 추산되고 있다. 따라서 지구는 인류가 상당한 기간 동안 사용할 수 있는 화석 연료를 가지고 있다고 말할 수 있다.

다만, 기존 화석 연료를 채취하는 과정에서도 많은 환경 문제가 생기고 있는 것을 볼 때, 채취 조건이 더 열악한 비전통 화석 연료나 바닷속에 존재하는 메탄하이드레이트를 채취하는 과정에서 생길 환경 문제는 더 심각하고 비용도 많이 들기 때문에 이러한 자원들을 어느 정도 수준까지 사용할 수 있을까에 대한 의구심이 있다. 이 문제는 앞으로의 채취 기술과 환경 기술의 개발 그리고 에너지 수급 환경에 따라 좌우될 것으로 생각된다. 그리고 현재 전 세계적으로 기후변화 이슈 때문에 화석 연료를 억제하려는 정책이 진행되고 있어 앞으로 화석 연료가 에너지원 중에서 기여하는 정도가 줄어들 가능성이 있고, 그렇게 되면 역설적으로 화석 연료의 사용 가능 기간은 더 늘어날 수도 있다. 앞으로 화석 연료의 미래는 화석 연료의 사용을 억제하려는 정책과, 화석에너지를 쓰고자 하는 수요의 줄다리기 속에서 결정될 것이다.

다음에는 원자력 발전에 사용되는 우라늄 자원에 대해서 검토해 보자. 여러 데이터를 종합해 보면 현재 연료로 사용되는 우라늄-235의 가채매장량은 100년 정도이다. 그렇지만 화석 연료가 가채매장량보다 더 사용할 수 있는 것처럼 우라늄도 이보다 더 오래 사용할 수 있을 것이다. 하지만 만일 저탄소 에너지원의 필요성 때문에 원자력 발전 수요가 늘어난다면 우라늄-235도 사용할 양이 그렇게 많은 편은 아니다. 그러나 우라늄은 자연 상태에서 현재 핵 연료로 사용되는 우라늄-235보다 100배 이상 많은 양이 우라늄-238 형태로 존재하고 있고 일부 원자로는 이 우라늄-238을 연료로 사용할 수 있다.[1] 그래서 우라늄-238을 핵 연료로 사용할 수 있는 원자로가 늘어난다면 원자력 발전의 자원 수급 문제는 상당 기간 해결될 수 있고 에너지원으로서의 원자력의 비중이 늘어날 여지가 있다.

다만, 원자력에 대해서 사고나 방사선 누출에 대한 두려움을 가지고 있는 사람들이 많기 때문에, 이를 극복하고 발전소 건설이 지속되기 위해서는 원자력 발전소에 대한 주민들과 사회의 수용성이 높아져야 한다. 원자력의 계속 이용 또는 확대에 가장 큰 걸림돌은 큰 사고이다. 원자력 발전량은 1980년대 초까지 빠른 속도로 증가하다가 체르노빌 사고(1986년) 이후에 증가 속도가 확연히 늦어지면서 전체 발전량에서 차지하는 비율이 조금씩 줄어들기 시작했으며 후쿠시마 사고(2011년) 이후 발전량이 정체되는 경향을 보였다. 앞으로 원자력이 계속 이용되기 위해서는 큰 사고가 일어나지 않도록 안전 관리를 잘하는 것이 가장 필요한 것으로 보인다.

재생에너지가 전기 생산의 주력이 될 수 있는가?

풍력과 태양광은 모두 태양의 수명이 다할 때까지 고갈되지 않은 에너지원이고, 그 양도 우리가 '잘' 사용할 수 있는 여건과 기술만 갖춘다면 인류가 지속적으로 사용하기에 충분하다. 이 에너지원에서 문제가 되는 것은 잘 사용할 수 있는 여건과 기술을 개발하는 데 어느 정도의 시간이 걸릴 것인가

---

[1] 우라늄-238을 원료로 사용할 수 있는 원자로는 고속증식로(fast breed reactor)라 불리는 것으로 실험 원자로가 여러 개 개발되어 있고, 상용으로 사용되는 것도 있지만 아직 많이 사용되고 있지 않다.

하는 점이다.

최근 태양전지 자체의 발전 능력은 상당히 진전이 되어 실리콘 단결정이나 다결정을 이용한 태양전지의 효율이나 모듈과 같은 시스템의 효율은 이론적인 값에 도달하고 있다. 그리고 실리콘보다 높은 효율을 낼 수 있는 재료들에 대한 연구들도 계속 진행되고 있다. 풍력 발전도 설치 환경의 풍속에 대해서 최적의 발전을 할 수 있는 기술은 많이 개발되어 있다. 다시 말하면 개별 발전기 또는 발전 장치가 만들어 내는 전기량은 주어진 여건 아래에서 만족할 수 있는 수준을 얻을 수 있다.

문제는 이렇게 발전된 전기를 사용하는 과정에서 생긴다. 우리가 전기를 선호하는 것은 사용자가 원하는 시간에 원하는 양을 사용할 수 있기 때문이다. 그런데 이 두 가지 발전 방법은 전기를 만들 수 있는 시간과 만들어지는 전기의 양 모두 자연의 변화에 맡겨야 한다. 〈그림 8〉에서 봤던 바와 같이 일조량이 시간에 따라 변화하고 발전량은 이에 비례하기 때문에 생산을 이 패턴에 맞추어야 한다. 여기에 더해서 구름양 변화나 강우 등에 의해서 계속 변화하는 전기가 장치에 공급된다면 생산량의 변동이 심할 뿐 아니라 장치 내의 모터 등의 수명에 악영향을 준다. 〈그림 9〉는 한국남동발전㈜에서 운영하는 삼천포 태양광 발전소(#2)의 2020년 1월 1일, 6월 26일, 7월 15일 등 세 날의 하루 중 발전량을 보여 준다.

〈그림 9〉에서 보이는 바와 같이 날씨가 좋은 6월 26일은 이상적인 그래프와 거의 같은 경향을 보인다. 특히 이날은 하지에 가까워서 일조 시간도 길다. 이에 비해서 일조 시간이 짧은 1월 1일은 총 발전 시간이 짧고, 중간에 구름의 영향으로 이상적인 발전량보다 적어지는 시간대가 있는 것을 알 수

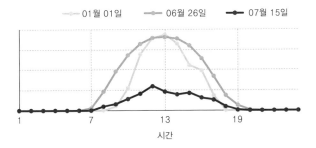

시간에 따른 태양광 발전소 일중 발전량 변화

01월 01일   06월 26일   07월 15일

시간

그림 9 태양광 발전소의 하루 중 발전량 변화(원 자료: 한국남동발전㈜)

있다. 그리고 비가 온 7월 15일은 발전량이 훨씬 떨어지는 것을 확인할 수 있다.

풍력 발전소 역시 마찬가지이다. 풍력 발전기의 하루 중 발전량 변화를 보여 주는 〈그림 10〉을 보면 계절에 따른 특별한 차이는 없지만 발전량이 하루 중에도 크게 변화하고 있는 것을 알 수 있다.

이렇게 시간에 따라 편차가 큰 전기를 가정이나 공장을 가동하는 데 사용하는 것은 거의 불가능하다. 이 문제는 여러 개의 발전소가 결합된다고 해서 해결될 것도 아니다. 평균적으로는 발전 편차가 완화되는 시간이 많아질지도 모르지만 서로의 영향이 극단적인 상황으로 중첩되면 편차의 값은 훨씬 더 증폭될 것이다.

이 문제를 개선하기 위해서 현재 많은 노력을 하고 있다. 발전량 예측의 정확성을 높이고, 사전 계획을 잘하고, 수시로 변동을 추적하면서 실시간

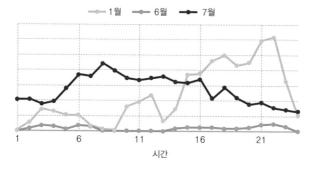

시간에 따른 풍력 발전소 일중 발전량 변화

— 1월   — 6월   — 7월

시간

그림 10 풍력 발전소 하루 중 발전량 변화(원 자료: 한국남동발전㈜)

대응 능력을 높이는 것이다. 그러나 이 작업의 시작인 예측의 정확성에는 한계가 있다. 태양광이나 풍력 발전량 예측을 잘 하려면 기상 예측의 정확도가 현재에 비해서 대폭 향상되어야 한다. 풍력이나 태양광의 발전량 예측을 위한 기상 예측은 일반적인 일기예보에서 행해지는 강수 확률 정도로 해결될 수 있는 것이 아니다. 비의 양, 비 오는 시간, 구름의 두께와 종류, 바람의 세기와 방향 등을 예측해야 하고, 예측의 정확도도 높아야 한다. 여기에 더해서 여러 곳에서 발전되고 있는 재생에너지의 상황을 종합적으로 검토해 가면서 전력망을 운영해야 한다. 이러한 목적에 적합한 수준으로 정확성이 높은 기상 예측이나 전력망 운영은 많은 나라에서 노력을 기울이고 있지만, 재생에너지를 오래 사용한 국가들에서도 예측 오차 수준이 아직 크다. 포브스[Forbes et. al., 2016] 등의 보고에 의하면 많은 곳의 예측 결과와 실제 생산을 비교했을 때 오차의 표준 편차가 풍력은 10% 정도, 태양광은 5% 정

도 수준이고, 예측값의 50% 이상의 큰 오차를 보이는 때도 많다.[2]

앞에서도 설명했지만 에너지 저장 장치를 사용한다면 이러한 어려움을 극복할 수 있다. 발전소에 에너지 저장 장치를 같이 설치해서 전기가 수요보다 많이 만들어질 때 저장하고 수요보다 적게 만들어질 때 저장된 전기를 내보내면서 변동에 대응하면 안정된 전력 공급이 가능하다. 그런데 문제는 에너지 저장을 할 수 있는 수단을 확보하는 것이 쉽지 않다는 것이다.

최근에 에너지 저장에 대한 중요성이 강조되면서 아주 다양한 에너지 저장 방법들이 제안되고 있다. 그런데 현시점에서 대량의 에너지 저장이 가능한 방법은 양수 발전소와 배터리 정도이다. 양수 발전소는 효율도 높고 좋은 저장 방법이긴 하지만 건설할 수 있는 장소들이 제한되어 있고 건설이 가능한 곳은 이미 양수 발전소가 세워져 있는 경우가 많기 때문에 더 이상 늘어날 수 있는 양이 많지 않다. 따라서 현재 가능한 선택지는 배터리를 충분하게 만들어서 저장하는 것이다. 그런데 막대한 전기 생산량을 저장하면서 사용하기 위해서는 저장용량이 엄청난 배터리를 대량으로 만들어야 한다.

이 부분을 이해하기 위해서 현재 생산되는 전기 하루치를 저장하려고 할 때 필요한 배터리의 양을 계산해 보자. 2019년 세계 전기 생산량은 하루 평균 63TWh 정도였다. 현재 가장 저장 효율이 좋은 배터리는 리튬이온 배터리인데, 이 배터리가 대략 1kg에 200Wh 정도 저장할 수 있기 때문에 63TWh의 전기를 저장하려면 3억 1500만 톤의 배터리가 필요하다. 그리고

---

2 재생에너지원의 비중이 낮을 때에는 어느 정도의 오차는 전력망에서 완충할 수 있지만, 재생에너지 비중이 커지게 되면 이러한 예측과 실제 값의 차이는 수시로 전력망에 문제를 발생시킬 수 있기 때문에 재생에너지 비율이 높아지기 전에 반드시 해결해야 할 문제이다.

배터리의 전극과 전해질을 만들려면 니켈, 코발트, 망간, 리튬 등의 금속이 필요한데 이 금속 재료들 중에서 코발트와 리튬은 자원이 충분하지 않은 편이다. 제조하는 회사마다 편차는 있지만 평균적으로 배터리 1kg에 리튬이 20g, 코발트가 50g 정도가 필요하다. 이를 바탕으로 계산해 보면 현재 하루에 생산하는 전기를 저장하기 위해서는 리튬이 630만 톤, 코발트가 1,580만 톤 필요하다. 그런데 리튬의 연간 생산량이 40만 톤 정도이고 코발트는 10만 톤 수준인 것을 생각하면 사용 후 배터리가 초래할 환경 문제 이전에 배터리를 만들기 위한 엄청난 비용이나, 만드는 과정이나, 만들 수 있는 재료 자체가 충분하지 않다.

재생에너지가 발전의 주요 수단이 되었을 때 사회 전체가 전기를 안정적으로 사용하기 위해 미리 저장해야 할 전기량이 얼마나 될지는 아직 정확하게 알지 못한다. 하지만 휴대전화나 자동차 등과 같이 단일한 제품을 위한 것이 아니고, 발전소에서 만들어 여러 사용자들에게 공급되는 엄청난 양의 전기를 저장하는 것이 매우 어려운 일이라는 것은 이해할 수 있을 것이다.

최근에는 전기를 수소 또는 암모니아 같은 화학에너지로 전환했다가 다시 사용하는 방법에 대해 관심을 가지고 연구가 진행되고 있다. 이 방식의 실현 가능성은 어떻게 효과적으로 수소나 암모니아를 만들 것인가, 만들어진 수소나 암모니아를 어떻게 보관하고 운송할 수 있는가, 그리고 어디에 활용할 수 있는가 등 사용 전반에 대한 종합적인 방향 설정과 관련된 기술 개발이 어떻게 진행되는가에 달려 있다. 이렇게 수소나 암모니아를 활용해서 전기를 저장하는 기술이 향후 배터리 저장에 대한 대안이 될 수 있을 것인지는 주시할 필요가 있다.

태양광이나 풍력 발전의 또 하나의 큰 단점은 발전을 위한 공간이 많이 필요하다는 것이다. 화력이나 원자력 발전소에 비해서 태양광이나 풍력 발전소는 같은 전력을 만들기 위해서 100배 정도 많은 면적이 필요하다.[Ashby, 2016, p. 144] 따라서 태양광이나 풍력으로 에너지 공급 가능성을 고려할 때 발전소 건설에 필요한 장소에 대한 부담도 고려해야 한다.

전기 에너지 공급원으로 태양광이나 풍력 발전의 비중을 높이는 것은 이러한 문제들을 극복해야 하기 때문에, 이들의 기여도가 시간이 지나면서 계속 늘어난다 해도 지배적인 전기 공급 방식으로 언제 자리를 잡을지는 현재로서는 예상할 수 없다. 생산량 예측, 불규칙한 전기 생산의 종합적 관리, 새로운 저장 방법의 개발 등 다양한 기술의 개발이 선행되어야 하는데, 그러기 위해서는 상당한 시간과 비용의 투자가 필요하고, 이에 더하여 넓은 설치 장소 때문에 생겨나는 생태계에 미치는 환경 영향도 검토해야 한다. 보통 재생에너지는 '친환경'이라고 불리면서 환경 문제에 대해서 심각한 고려를 하지 않는다. 그렇지만 어떠한 방법으로 전기를 만들더라도 일정 정도 환경에 영향을 미치게 된다. 물론 발전 방법에 따라서 이 영향의 크기가 다르긴 하지만, 태양광이나 풍력이 끼치는 환경 영향도 반드시 검토되어야 한다.

미래에 사용될 새로운 에너지원은?

물론 미래에 현재 사용되지 않는 새로운 에너지원을 활용할 가능성도 많다. 현재 전기 발전에 사용하고 있는 원자력과 태양광을 100년 전에는 아무도 생각하지 못했을 것이다. 수력이나 풍력도 과거에는 소규모로 수차나 풍차를 돌리는 수준에서 사용되었을 뿐, 현재 규모로 쓰일 거라고는 상상도 못했을 것이다. 심지어 현재 에너지원의 주류를 점하고 있는 화석 연료 중에 가장 먼저 사용되기 시작한 석탄도 겨우 200여 년 전부터 쓰기 시작한 것이다. 이러한 상황을 본다면 앞으로 100년 후에는 지금은 모르는 새로운 에너지원을 사용할 것이라고 이야기하는 게 말이 안 되는 것은 아니다. 다만 이러한 '모르는 새로운 에너지원'은 추론을 하고 연구를 하는 주제이지, 이를 가지고 미래의 에너지 계획을 논의할 수 있는 것은 아니다.

현재 연구 중이고 가능성은 있지만 아직 실용화되지 않은 획기적인 에너지원이 하나 있는데 그것은 핵융합 반응을 이용하는 것이다. 기존의 원자력 발전은 원자량이 큰 원자가 핵분열 반응을 일으킬 때 생기는 에너지를 이용하는 것에 비해서, 이 방법은 원자량이 작은 원자들이 서로 합쳐져서 새로운 원자를 만드는 핵융합 반응을 활용하는 것이다. 이 반응에서 나올 수 있는 에너지가 핵분열 반응보다 크기 때문에 만들 수 있는 에너지가 훨씬 많다. 핵융합에 의한 에너지 발생은 이론적으로 확립되어 있고, 수소폭탄으로 실제로 막대한 에너지가 발생하는 것도 확인되었다. 그런데 원자폭탄 개발 이후 11년 만에 상업 발전소 운영에 성공한 핵분열을 활용한 원자력 발전에 비해 핵융합 발전은 수소폭탄 개발 이후 60년이 지난 지금도 가능성을 보여주는 실험실 결과는 있지만 아직 실용화하기에는 시간이 더 필요하다.

핵융합은 핵분열에 비해서 훨씬 큰 에너지를 만들 수 있고 연료에 해당하는 수소[3]도 충분하기 때문에 만일 핵융합 반응을 조절하는 것에 성공해서 전

---

3 핵융합 발전의 연료인 수소는 양성자와 전자가 하나씩 있는 일반 수소는 아니고 핵에 중성자가 하나 있는 중수소와 두 개가 있는 삼중수소이다. 중수소는 바닷물을 전기 분해해서 얻을 수 있고 삼

기를 만들어 낼 수 있게 된다면 인류의 에너지 문제는 상당한 수준으로 해결될 것이다. 문제는 상용화 과정에서 넘어야 할 문제가 간단하지 않다는 것이다. 가장 큰 문제는 반응에 필요한 온도가 아주 높기 때문에, 이러한 반응이 일어나는 장치를 구성해서 안전하고 안정되게 계속 반응을 일으킬 수 있는 재료와 방법을 아직 찾지 못한 것이다. 수소의 핵융합 반응을 일으키기 위해서는 1억도 수준의 높은 온도가 필요하다. 현재 진행되는 연구 수준은 강력한 자기장으로 통제되는 플라즈마로 이 온도를 만들어 짧은 시간 동안 구현하고 있다. 문제는 우리가 상용화할 수 있는 수준으로 오랜 시간 플라즈마를 만들고 유지하고자 할 때 이 가혹한 조건을 견디면서 오랜 시간 버틸 수 있는 재료가 아직 개발되지 않았고, 어떤 재료가 사용 가능할 것인지에 대한 아이디어도 아직 없다는 것이다.

핵융합 발전이 상용화된다면 에너지 공급량이 획기적으로 늘어날 수 있기 때문에 현재 세계 각국에서 많은 연구가 진행되고 있다. 물론 핵융합 발전에 대한 전망은 불가능한 허황된 꿈이라는 비관론과 인류가 언제나 그렇듯이 문제를 해결하고 상용화에 성공할 것이라는 낙관론이 공존하고 있는 상황이다. 이 부분은 앞으로의 연구 개발 상황에 따라서 방향이 잡힐 것이다.

중수소는 리튬과 중성자를 반응시켜서 만들 수 있고 연료 무게당 만들어지는 에너지가 많아서 에너지 자원으로서의 양은 충분하다고 할 수 있다.

지속 가능한 미래를 위한 에너지

이러한 상황을 바탕으로 인류가 앞으로 사용할 에너지원에 대해서 정리해 보면 다음과 같다.

우리 문명이 향후 몇백 년간 지속된다면 이는 재생에너지 발전의 문제를 극복했거나 핵융합 기술 개발에 성공했다는 것을 의미하며, 그때 인류는 재생에너지 또는 핵융합에너지 아니면 두 에너지 모두를 주 에너지원으로 전기를 만들고 이를 이용할 것이다. 그리고 현시점에서 재생에너지 문제가 해결 또는 핵융합 발전에 성공하는 시점까지 인류는 사용 가능한 모든 에너지원을 소비하면서 문명을 운영할 것이다.

단기적으로는 현재 사용하고 있는 에너지원들을 그대로 사용하면서 각각의 비중은 점진적으로 변해 가고, 전체 사용량은 늘어나는 상황이 전개될 것이다. 그리고 기존 에너지원이 점차 고갈되어 가면서 현재 많이 사용하지 않는 에너지원인 비전통 화석 연료들이 사용될 것이고 이들도 고갈되면 마지막 화석 연료인 메탄하이드레이트를 사용하게 될 것이다. 원자력 발전도 지속될 것으로 예상되며 점차 사용량이 늘어날 것이다. 그리고 만일 더 많은 원자력 에너지가 필요해진다면 우라늄-238을 사용하는 발전도 늘어날 것이다.

인류 문명의 미래는, 메탄하이드레이트를 사용하고 우라늄-238을 사용하기 전에 또는 이들을 사용하더라도 반 이상 고갈되기 전에, 재생에너지를 전적으로 사용하는 방법을 찾아내거나 핵융합 기술을 상용화하는 데 달려 있다고 볼 수 있다.

이 시간이 얼마나 남았는지 정확히 예측할 수는 없지만, 이들의 매장량을 보면 앞으로 150년 또는 그보다 조금 더 긴 시간이 인류에게 주어져 있을 것으로 생각된다. 이 시간이 길다고 생각할 수도 있지만 주어진 과제가 쉽지 않기 때문에 그렇게 길지 않은 시간이다. 인류는 그동안 새로운 기술 개발과 함께 인류 전체가 함께 에너지 소비를 줄일 수 있는 노력을 통해서 이 기간을 늘려 가야 한다. 만일 메탄하이드레이트나 우라늄-238이 바닥을 드러내기 전에 재생에너지 연속 사용 기술이나 핵융합에 대한 기술이 제대로 개발되지 않는다면 인류 문명은 쇠퇴할 것이고 남아 있는 에너지 자원을 둘러싼 경쟁은 상상할 수 없을 정도로 치열해질 것이다.

그렇지만 인류는 그동안 여러 장벽을 넘으면서 생존해 왔고 문명을 발전시켰다. 화상의 위험을 무릅쓰면서 야생의 불을 길들여서 동굴로 가져갔고, 화로에 담아 사용할 수 있게 되었다. 이 결과 사냥감의 신세에서 생태계의 정상에 올랐고, 다양한 재료와 도구를 만들어서 농사를 지을 수 있게 되고, 청동기 문명과 철기 문명을 발달시켰다. 기술의 발전은 대포나 원자폭탄과 같은 대량살상무기를 만들기도 했지만 이를 엔진과 발전소와 같이 문명의 이기로 바꾸는 것에 성공했고, 이러한 변화를 통해서 현대 사회를 만들었다. 막대한 자원 소비를 바탕으로 운영되고 있는 현대 사회는 인류가 살아가는 데 좋은 조건을 만들어 주기도 하지만 그 속에서 문명의 지속을 위협하는 여러 문제를 만들어 내고 있다.

지금 눈앞에는 문제 해결을 위한 쉬운 길은 보이지 않지만 인류는 과거에 그랬던 것처럼 현재 인류의 생존에 위협이 되고 있는 문제를 극복할 수 있는 방법을 찾아낼 것이라고 확신한다.

참고문헌

한글 저작물

강은해, 〈대장장이 신화와 야장(冶匠) 체험: 한 · 중 · 일 대장장이 신화를 중심으로〉, 《한중인문학연구》 제12집, pp. 168-211, 2004.

권오준, 《철을 보니 세상이 보인다》, 페로타임즈, 2020.

권해욱, 〈주철의 역사〉, 《한국주조공학회지》 27, pp. 33-36, 2007.

박건주, 〈중국 고대 국가 상업 경영의 전통〉, 《중국사연구》 제81집, pp. 1-264, 2012.

염영하, 《한국의 종》, 서울대학교 출판부, 1991.

이경우, 〈기술, 산업 그리고 국가 발전과 공학인의 위상〉, 인재니움, 제28권, 1호, pp. 8-14, 2021.

주경철, 서경호, 이경우, 장대익, 한경구, 《문명 다시 보기》, 나남, 2020.

번역서

새뮤얼 노아 크레이머(Samuel Noar Kramer) 저, 박성식 역, 《역사는 수메르에서 시작되었다》, 가람기획, 2020.

알레산드로 지로도(Alessandro Giraudo) 저, 송기형 역, 《철이 금보다 비쌌을 때》, 까치, 2016.

영어 저작물

Michael F. Ashby, *Materials and the Environment*, Butterworth-Heinemann, Oxford, 2013.

Michael F. Ashby, *Materials and Sustainable Development*, Butterworth-Heinemann, Oxford, 2016.

Lucinda Backwell, Francesco d'Errico and Lyn Wadley, ""Middle Stone Age bone tools from the Howiesons Poort layers, Sibudu Cave, South Africa", Journal of Archaeological

Science, vol. 35, 2008, pp. 1566-1580.

Jeremy Black, Graham Cunningham, Eleanor Robson, Gabor Zolyomi, *The literature of ancient Sumer*, Oxford University Press, Oxford, 2004.

John L. Bray, *Ferrous Production Metallurgy*, John Wiley & Sons, New York, 1982.

Ester Boserup, *The conditions of Agricultural Growth*, Aldine, Chicago, 1965.

William Cronon, *Changes in the Land; Indians, Colonists and the ecology of New England*, Hill & Wang, New York, 1983.

Kevin F. Forbes and Ernest Zampell, "The accuracy of Wind and Solar Energy Forecasts and the Prospects for improvement", Manheim Energy Conference, Mannheim, Germany, 2016.

R. J. Forbes, *Studies in ancient technology*, vol. 9, Leiden: E. J. Brill, 1964.

Johan Goudsblom, *Fire and Civilization*, Penguin Books, London, 1992.

Fathi Habashi, *A History of Metallurgy*, Metallurgie Extractive Quebec, Quebec, 1994.

Fathi Habashi, *Metals from Ores*, Metallurgie Extractive Quebec, Quebec, 2003.

Paul R. Howell, *Earth, Air, Fire and Water*, Pearson, Boston, 2005.

Vasiliki Kassianidou, *Blowing the wind of change: The introduction of bellows in late Bronze age cyprus*, Chapter 5 of "Metallurgy: Understand How, Learning Why", edited by Philip P. Betancourt and Susan C. Ferrence, INSTAP Academic Press, Philadelphia, 2011.

Fridolin Krausmann, Simone Gingrich, Nina Eisenmenger, Karl-Heinz Erb, Helmut Haberl and Marina Fischer-Kowalski,. "Growth in global materials use, GDP and population during the 20th century", Ecological Economics, vol. 68 no. 10, 2696-2705. 2009.

N. G. McCrum, C. P. Buckley and C.B. Bucknall, *Principles of Polymer Engineering* 2nd ed., Oxford University Press, London, 1997.

Samuel Noah Kramer, *The Sumerians: Their History, Culture, and Character*, University of Chicago Press, 1971, p. 265.

R. Maddin, "The Beginning of the Use of Iron, Proceedings of the Fifth International Conference on the Beginning of the Use of Metals and Alloys", edited by Gyu-Ho Kim et. al., *The Korean Institute of Metals and Materials*, 2002, pp. 1-16.

James D. Muhly, "The Beginning of Metallurgy in the Old World", *The Beginning of the Use of Metals and Alloys*, edited by Robert Maddin, MIT, 1988, pp. 2-20.

Stephen J. Pyne, *Fire: A brief history*, University of Washington Press, Seattle, 2001.

Mohamed N. Rahaman, *Sintering of Ceramics*, CRC Press, Boca Raton, 2008.

George Rapp, "On the origins of copper and bronze alloying", *The Beginning of the Use of Metals and Alloys*, edited by Robert Maddin, MIT, 1988, pp. 21–26.

Vijay Renga, Neurology Research International, *Electricity, Neurology, and Noninvasive Brain Stimulation: Looking Back, Looking Ahead*, Apr 13, 2020 (https://doi.org/10.1155/2020/5260820).

I. G. Simmons, *Changing the Face of the earth*, Basil Blackwell, Oxford, 1989, p. 379.

Ralph S. Solecki, "A Copper Mineral Pendant from Northern Iraq", *Antiquity*, vol 43, issue 172, 1969, pp. 311–314.

S.J. Taylor and C.A. Shell, "Social and Historical Implications of Early Chinese Iron Technology", *The Beginning of the Use of Metals and Alloys*, edited by Robert Maddin, MIT, 1988, pp. 205–221.

John D. Verhoeven, "The Mystery of Damascus Blades", Scientific American, Jan. 2001, p. 74.

Yoshitaka Yamamoto, *The Pull of History(e-book)*, February, 2018 (https://doi.org/10.1142/10540).

Zhenzhong Zeng, Alan D. Ziegler, Timothy Searchinger, Long Yang, Anping Chen, Kunlu Ju, Shilong Piao, Laurent Z. X. Li, Philippe Ciais, Deliang Chen, Junguo Liu, Cesar Azorin–Molina, Adrian Chappell, David Medvigy & Eric F. Wood, "A reversal in global terrestrial stilling and its implications for wind energy production", Nature Climate Change, 9, 2019, p. 979.

부록

1. 연소 반응, 반응열, 엔탈피

2. 소결

3. 제련 화학 반응과 환원 온도

4. 주조

5. 단조

6. 복사에너지와 백열전구의 효율

1. 연소 반응, 반응열, 엔탈피

유기물과 산소가 반응하는 연소 반응과 그 과정에서 일어나는 열 발생 현상, 그리고 열과 에너지의 관계를 간단히 설명하고자 한다. 특히 열과 에너지는 이 책의 후반부를 이해하는 데 아주 중요한 개념이다.

우리가 자주 경험하는 유기물 연소를 화학 반응으로 표현하면 아래와 같다.

유기물(탄소와 수소 화합물) + 산소 → 이산화탄소 + 수증기

여기서 수증기라고 쓴 것은 반응 온도를 고려한 것이다. 반응에서 생기는 수증기를 화학식으로 쓰면 H_2O이다. 우리는 보통 H_2O를 물이라고 부른다. 그러나 엄밀히 말하자면 물은 H_2O가 액체 상태일 때 부르는 용어이며, 압력이 1기압일 때 0~100℃ 범위에서 존재한다. 0도 이하의 낮은 온도에서는 고체인 얼음, 100도 이상의 높은 온도에서는 기체인 수증기로 존재한다. 그리고 연소 반응이 주로 높은 온도에서 일어나며, 연소가 일어나면 온도가 더 올라가기 때문에 이때 생성되는 H_2O가 기체 상태인 게 대부분이어서 수증기라고 썼다.

유기물과 산소의 반응에 참여하는 것은 수소와 탄소이며 이들의 반응식은 25℃에서 아래와 같다.

$$H_2 + 1/2O_2 = H_2O \qquad \Delta H = -247,500 \text{ J/mol } H_2$$

$$C + O_2 = CO_2 \qquad \Delta H = -391,000 \text{ J/mol } C$$

위 식에서 H는 엔탈피(Enthalpy)를 의미하는 표시이다. 엔탈피는 물질이 가지고 있는 에너지 값의 하나이며, 압력이 크게 변화하지 않는 상황에서 에너지 값을 나타낼 때 주로 사용된다. 그리고 ΔH는 반응에 참여한 물질의 엔탈피 변화(생성물의 엔탈피 − 반응물의 엔탈피) 값을 의미한다. 만일 이 값이 위 산화 반응과 같이 음수라는 것은 생성물(H_2O)의 엔탈피 값이 반응물(H_2와 0.5 O_2)의 합계 엔탈피 값보다 적다는 뜻이다. 이렇게 되면 그 차이 값에 해당하는 열량이 외부로 나오게 된다. 즉, 반응이 일어나면 열이 발생한다는 것이고 이러한 반응을 발열 반응이라고 한다.

따라서 위 수소 산화 반응식의 의미는 H_2 1몰[1](2g)이 O_2 0.5몰(16g)과 반응해서 1몰(18g)의 H_2O를 만들면서 외부로 247,500J의 열을 내보낸다는 뜻이다. 즉 H_2O 1몰의 엔탈피 값은 반응에 참가한 O_2 0.5몰과 H_2 1몰의 엔탈피 합보다 247,500J가 적어진다는 뜻이다.

이 책에서 다루는 불에 대한 내용은 바로 이 산화 반응들에 의해서 생긴 247,500J 또는 탄소 1몰의 산화에 의해서 생긴 391,000J의 열이 우리에게 준 영향을 살펴보는 것이다.

---

1 몰(mole)이라고 하는 것은 특정 물질의 무게가 그 물질의 분자량에 해당하는 그램(gram)만큼 존재하는 것을 의미한다. 즉 수소 기체의 분자량이 2이기 때문에 1몰은 2g(그램)이고 산소는 분자량이 32이기 때문에 1몰이 32g이다. 어떤 물질이 1몰이 되기 위해서는 분자가 6.022×10^{23} (아보가드로 수)개 있어야 한다.

2. 소결(sintering)

소결은 분말이나 알갱이 형태의 고체를 녹이지 않고 덩어리로 만드는 공정이다. 소결의 원리는 19세기 이후에야 알려졌기 때문에 인류는 원리를 모르는 상태에서 소결을 이용하여 도자기를 만들고 금속을 가공했다.

소결을 위해서는 우선 분말을 원하는 모양으로 만든다. 도기나 자기를 만들 때는 물로 반죽해서 형상을 만들고, 금속은 만들고자 하는 모양의 빈 공간을 가진 틀에 채운다. 이 상태에서는 입자들은 서로 물리적으로 접촉하고 있고, 입자들 사이에 빈 공간(pore)이 많다.

이것을 높은 온도(높긴 하지만, 그 재료가 녹는 온도보다는 낮은 온도)에 긴 시간 동안 두면 분자나 원자들이 이동해서 입자가 서로 뭉치면서 단단해지고, 빈 공간이 줄어들게 되면서 밀도가 커진다. 이렇게 입자가 뭉치는 방법은 세 가지가 있다.

하나는 고상 소결 또는 확산 소결이라고 불리는 현상으로 붙어 있는 입자들을 높은 온도에 두게 되면 입자를 구성하는 분자(또는 재료에 따라서 원자일 수도 있다. 다만 설명의 편의를 위해서 분자라고만 쓰고자 한다)들이 움직이면서 뭉쳐진다. 이렇게 분자가 개별적으로 움직이는 현상을 확산이라 부른다.

소결 과정에서 입자가 뭉치는 과정은 〈그림 11〉과 같다. 이를 단계별로 설명하면, 먼저 입자들이 붙어 있는 면을 사이에 두고 입자들을 구성하는 분자들이 서로 확산하여 입자를 구분하던 접촉면이 없어지면서 하나가 된다. 그다음에는 처음에는 좁았던 입자들의 결합 부분이 굵어지면서 비어 있던 내부 공간이 줄어든다. 시간이 오래 가면 빈 공간이 거의 없어지게 된다.

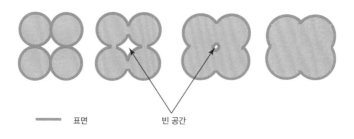

표면   빈 공간

그림 11 입자 소결 과정

　이런 변화가 일어나는 이유는 표면 때문이다. 분자들이 서로 결합하면 에너지가 낮아지면서 액체나 고체로 존재한다. 그런데 이들의 표면에 있는 분자는 한쪽 방향으로는 결합을 하지 않은 상태이기 때문에 내부에 있는 분자보다 에너지가 높다. 표면의 에너지는 표면에 있는 분자들의 에너지를 더한 것이기 때문에 표면은 에너지가 높은 상태이다. 그리고 자연은 항상 에너지가 낮아지는 상태가 되려고 하는 경향이 있다. 그래서 고체나 액체 입자들은 가능하면 표면을 줄여서 에너지를 낮추는 방향으로 변화하게 된다.

　작은 물방울들이 서로 붙으면 바로 뭉쳐서 큰 물방울이 되는 것은 쉽게 관찰된다. 이런 일이 일어나는 이유가 합체하면 표면적이 줄어들기 때문이다. 예를 들어서 반경이 R인 구형물방울 8개와 이들과 부피가 같은 반경이 2R인 큰 물방울 1개 비교하면 작은 물방울들의 표면적 합은 $8 \times 4\pi R^2 = 32\pi R^2$이고 큰 물방울의 표면적은 $4\pi(2R)^2 = 16\pi R^2$으로 작은 물방울들 표면적 합의 반이다. 이 때문에 작은 물방울들이 뭉쳐서 큰 물방울이 되면서 전체 표면적을 줄이는 것이다.

고체 입자도 같은 원리가 적용되는데, 일상 온도에서는 그 속도가 너무 늦어서 눈에 보이지 않는다. 그러나 분자들이 잘 움직일 수 있는 높은 온도에서는 표면적을 줄이는 방향으로 분자가 움직이면서 서로 뭉치는 현상을 보이고 이 현상을 확산 소결이라고 부른다.

확산 소결이 유의미한 속도로 일어나기 위해서는 입자가 놓여 있는 온도가 입자가 녹는 온도의 1/2보다는 높아야 한다.[Rahaman, 2008, p. 2] 이 책의 본문에서 다루는 금에 대한 소결 작업은 순수한 금의 녹는 온도 1065도를 고려하면 적어도 550도가 넘는 온도에서 진행해야 한다. 그리고 도기는 여러 종류의 흙이 섞여 있고 각각 녹는 온도가 다르기 때문에 성분에 따라서 달라지긴 하는데 녹는 온도가 낮은 일부 성분을 제외한 나머지 성분들은 대체로 1400~1500도 정도에서 녹기 때문에 소결 현상이 일어나서 도기를 만들기 위해서는 700~750도 이상의 온도가 필요하다.

금 소결처럼 입자들이 같은 종류라면 위에서 설명한 확산 소결로 좋은 결과를 얻을 수 있는데, 도기와 같이 다양한 종류의 입자들로 구성된 집합체를 소결할 때는 확산 소결의 효과가 작다고 한다.[Rahaman, 2008, pp. 2-3] 이런 상황에서 효과를 높여 주는 방법이 액상 소결이다. 액상 소결은 온도를 올려서 원료 중에 들어 있는(원래 원료 중에 들어 있거나, 의도적으로 첨가한) 소량의 녹는 온도가 낮은 물질들이 녹아서 입자 사이의 공간을 채우게 만들어 주면 일어난다. 이렇게 액상이 존재하면 내부에 있는 기공을 쉽게 채우고 확산 속도도 높아지기 때문에 소결에 의한 강화 효과가 커진다. 도기를 만들 때 보통 1100도를 넘어가면 액상 소결이 일어나서 더 좋은 품질의 도기가 만들어진다.

또 하나의 소결 방법은 도기가 아닌 자기를 만들 때 나타나는 현상으로 유리화라고 불리는 현상이다. 이 방법은 실리콘 산화물이 많은 재료를 사용할 때, 온도가 아주 높아지면 실리케이트의 많은 양이 녹았다가 응고하면서 유리화되는 것이다. 이러한 과정을 통해서 만들어진 자기는 도기와는 다른 모습을 가지게 된다. 이 방법을 적용하기 위해서는 실리케이트를 많이 가지고 있어야 하는데 중국 가오링(高嶺) 지방에서 나오는 고령토(kaolin)가 대표적인 재료이다. 유리화를 통해서 자기가 만들어지기 위해서는 재료의 성분에 따라 차이가 있지만 보통 1400도 정도의 온도를 안정되게 유지할 수 있어야 한다.

3. 제련 화학 반응과 환원 온도

제련은 광석에서 금속을 만드는 작업이고, 그 핵심은 화합물에서 금속을 얻어 내는 화학 반응이 일어나는 조건을 만드는 것이다. 이 화학 반응을 중심으로 제련 과정과 온도의 관계를 설명하도록 하겠다.

예를 들어서 철광석의 하나인 마그네타이트 산화물에 아래와 같은 반응을 일으키면 산소와 금속이 분리되어 철을 얻을 수 있다.

$$Fe_3O_4 \rightarrow 3Fe + 2O_2 \quad \Delta H = +1,102,200\,J/mol$$

이 반응은 철의 환원 반응이라고 부르며 철의 산화 반응의 반대 방향으로 진행되는 반응이다. 이 반응식에서 ΔH는 이 반응의 엔탈피 변화인데 일종의 '열'의 변화이다. 그 값이 +1,102,200 J/mol라는 것은 이 반응이 진행되기 위해서는 1,102,200 J/mol의 열이 흡수되어야 한다는 의미이다. 열이 흡수되어야 하는 이유는 철과 산소 원자가 산화 반응을 하면서 열을 내보내고 안정한 화합물 상태인 산화철을 만들고 있었기 때문에, 산화철에서 원래 상태인 철과 산소로 돌아가기 위해서는 내보냈던 열을 다시 받아야 하기 때문이다.

이 반응을 진행시키기 위해서 주어야 하는 열의 값도 크지만, 반응을 진행시킬 때 더 큰 문제는 열을 흡수해서 내부의 엔탈피가 높아지고 결과적으로 에너지가 높아지는 방향으로는 반응이 일어나려고 하지 않는다는 것이다. 화학 반응은 에너지가 낮아지는 방향으로 진행되기 때문에 에너지가 높아지는 환원 반응보다 에너지가 낮아지는 반대 방향인 산화 반응이 일어난다. 즉, 대기 중에 철을 놔두면 산소와 반응해서 산화철이 된다.[2] 만일 항상 이렇게 된다면 우리는 철이나 다른 금속을 만들 방법이 없다.

그런데 엔탈피 외에 엔트로피도 반응의 진행 방향에 영향을 주기 때문에 우리가 철을 만들 수 있다. 앞에서 반응은 '에너지'가 낮아지는 방향으로 진행된다고 했는데, 물론 이 말은 항상 성립하지만 여기서 '에너지'는 우리가 열로 느끼는 값(화학 용어로 '엔탈피')이 아니고 엔탈피와 엔트로피의 조합으로 만들어지는 '깁스의 자유에너지(Gibb's free energy)'이다. 화학 반응은 다음과 같이 표현되는 깁스 자유에너지 변화량(ΔG)이 음수가 되는 방향으로 진행된다.

---

2 녹이 스는 것이 산화 반응의 결과이고 이 반응을 할 때 많은 에너지를 방출한다. 다만, 반응 속도가 늦기 때문에 우리가 녹슬 때 배출되는 열을 느끼지는 못한다.

$$\Delta G = \Delta H - T\Delta S$$

여기서 G는 깁스 자유에너지, H는 엔탈피, S는 엔트로피, T는 절대온도이다. 엔탈피는 열에너지를 나타낸다고 생각하면 되고 절대 온도는 켈빈이제안한 온도 값으로 우리가 일상적으로 사용하는 섭씨온도에 273.15를 더한 값이다. 기호 Δ는 각 값의 차이, 즉 '(생성물의 값) − (반응물의 값)'을 의미한다. 반응이 진행되기 위해서는 ΔG 값이 음수가 되어야 한다. 앞에서도이야기했듯이 이 값을 결정하는 두 요소 중에서 환원 반응의 엔탈피 변화 값은 아주 큰 양의 값이다. 그리고 자유에너지 변화량은 이 엔탈피 변화량(ΔH)에서 엔트로피 변화량(ΔS)에 온도를 곱한 값(TΔS)을 뺀 값으로 정해진다. 따라서 엔탈피가 양의 값이라 하더라도 엔트로피가 관련된 항의 값이 커지게되면 자유에너지 변화량이 음수가 될 수도 있다.

엔트로피를 정확하게 설명하는 것은 상당히 복잡하지만, 대략적으로 물체를 구성하는 입자(분자 또는 원자)가 얼마나 다양하게 배치될 수 있는가를보여 주는 값이라고 생각할 수 있다. 철의 환원 반응에는 세 개의 물질, 즉산화철, 철, 그리고 산소가 반응에 의해서 없어지거나 생성된다. 물질 종류에 따라서도 엔트로피 값의 차가 나지만, 엔트로피 값에 가장 큰 영향을 미치는 것은 물체의 상태(고체, 액체, 또는 기체)이다. 그런데 철광석을 포함해서많은 금속의 환원 반응을 보면 고체 또는 액체인 산화물이 없어지고 고체 또는 액체인 금속과 기체인 산소가 만들어진다.

고체, 액체, 그리고 기체 중에서 고체는 입자들의 자리가 거의 고정되어있고, 배치 순서만 다양하기 때문에 셋 중에서 가장 작은 엔트로피를 가진

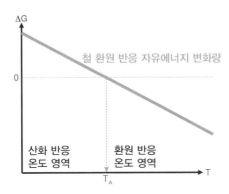

그림 12 온도에 따른 환원 반응의 ΔG 값

다. 액체는 고체보다는 입자의 움직임이 일부 허용되기 때문에 배치의 다양
성이 늘어나게 되어 고체보다 약간 큰 엔트로피 값을 갖는다. 이 둘에 비해
서 기체는 구성하는 분자들이 주어진 공간에서 아주 자유롭게 움직일 수 있
기 때문에 엔트로피 값이 매우 크다. 따라서 고체(또는 액체)가 없어지고 고체
(또는 액체)와 기체가 만들어지는 환원 반응에서는 만들어지는 기체의 엔트로
피가 크기 때문에 전체적으로 엔트로피가 증가하는 반응이다. 즉 엔트로피
변화량이 + 값을 갖는다.

따라서 온도가 높아지면 계속 자유에너지 값이 줄어든다. 그래서 아무리
엔탈피 변화량이 +로 큰 값이라고 하더라도 〈그림 12〉에서 보는 바와 같이
어느 온도(T_A)에 도달하면 ΔG 값이 0이 되고 이보다 더 높은 온도에서는 음
수가 된다.

T_A 이상의 온도에서 ΔG 값이 음수가 된다는 것은 이 온도 조건에서는 자

유에너지를 낮출 수 있기 때문에 환원 반응이 일어난다는 것을 의미한다. 그리고 T_A 이하의 온도에서 ΔG 값이 양수라는 것은 이러한 온도 영역에서는 환원 반응의 반대 방향 반응인 산화 반응의 ΔG 값이 음수가 되는 것이기 때문에 철이 산화되는 반응이 일어나게 된다.

결국 온도가 T_A보다 낮으면 철과 산소가 반응해서 산화철이 만들어지고 온도가 T_A보다 높으면 산화철이 철과 산소로 분리된다. 철뿐 아니라 다른 금속들도 산화물이 환원하면 금속과 기체 산소가 만들어지기 때문에 같은 원리가 적용된다. 따라서 온도를 높이면 어떤 금속이든지 산화물을 환원시켜서 금속을 만들 수 있다. 다만 T_A 값은 금속마다 다르다.

이것이 우리가 금속을 얻을 수 있는 원리이다. 우리는 금속 광석의 온도를 T_A보다 높게 올려 주어 금속을 만들어 낼 수 있는 것이다.

이 때문에 금속을 만들 때 불이 중요하며 불은 두 가지 역할을 한다. 하나는 금속이 얻어질 수 있는 높은 온도를 만든다. 또 하나는 환원 반응이 진행되면서 흡수되는 열에너지를 공급해 준다. 즉 불은 온도를 올려 줄 뿐 아니라 반응이 시작된 이후에도 반응에 필요한 열을 계속 공급하는 역할도 해야 하기 때문에 금속을 만들기 위해서는 불이 반드시 필요하다.

기원전에 사용된 금속 중에서 금은 산화하지 않고 항상 금속으로 존재하기 때문에 환원이 필요 없고, 나머지 금속들 중 대표 산화물[3]의 환원 반응이 일어날 수 있는 T_A 값은 다음과 같다. 구리는 1500도, 납은 2450도, 주석은 2560도 그리고 철은 3240도이다. 금, 구리, 납, 주석, 철 등 사용되기

---

3 자연계에서 금속은 다양한 형태의 산화물로 존재할 수 있다. 예를 들어서 철은 FeO, Fe_2O_3, Fe_3O_4 등으로 존재하며, 각 산화물에 따라서 T_A 값이 달라진다.

시작한 시점이 늦을수록 T_A가 높다는 것을 알 수 있다[4].

이러한 사실에서 낮은 온도에서 만드는 것이 가능한 금속일수록 먼저 사용되었다고 결론을 내릴 수 있다. 다만, 이러한 추론은 어느 정도 그럴듯해 보이지만 사실 한 가지 큰 문제가 있다. 그것은 T_A 온도가 너무 높다는 것이다. 2000도가 넘는 온도에서 작업하는 것은 현대에도 힘들고 철을 얻는 온도인 3240도에서의 작업은 아직도 거의 가능하지 않다. 구리를 만들 수 있는 온도인 1500도 역시 청동기 시대의 인류가 얻을 수 있는 온도는 아니다.

지구상에서 실제로 금속이 만들어지는 과정에서 의도하지 않게 큰 영향을 준 요소가 하나 있다. 광석에서 금속을 얻기 위해서는 높은 온도가 필요하니 불이 있어야 한다. 그런데 지구상에서 불을 만들기 위해 사용된 연료들은 모두 탄소를 가지고 있고 이 탄소가 산화하면서 열을 발생해서 온도가 올라간다.

그리고 탄소가 산화할 때 이산화탄소가 만들어져야 하지만, 온도가 높아지면 엔트로피의 영향이 커지면서 일산화탄소가 생기는 반응이 일어난다. 아래와 같이 표현되는 일산화탄소를 만드는 탄소의 산화 반응은 이산화탄소를 만드는 반응에 비해서 열에너지를 1/3 정도만 내긴 하지만, 그래도 발열 반응으로 외부로 열을 방출하기 때문에 온도를 올릴 수 있다.

---

4 이 목록에서 은과 수은이 빠져 있다. 은은 T_A가 190도이고 Hg는 590도로 구리보다 낮은데, 사용되기 시작된 시점은 구리보다 늦은 것으로 알려져 있다. 그 이유는 〈표 1〉에서 보이는 바와 같이 이 두 금속이 지구상에서 아주 존재량이 적기 때문이라고 생각된다. 금은 지구상에서 양이 가장 적은 금속에 속하는데, 대신 금은 자연계에서 금속 상태로 존재하기 때문에 만들 필요가 없어서 사용되기 시작한 시점이 빨랐을 것이다.

$$C + 0.5\,O_2 \rightarrow CO$$

그리고 탄소가 금속 산화물을 만들고 있는 산소와 반응해서 금속을 만들기도 하는데 이 반응식은 아래와 같다.

$$4\,C + Fe_3O_4 \rightarrow 3\,Fe + 4\,CO$$

이 반응은 훨씬 낮은 온도인 710도에서 일어나면서 철을 만들 수 있다. 즉 탄소를 사용하면 철을 얻는 온도가 획기적으로 낮아지게 된다. 그리고 이 반응의 생성물인 CO도 철을 환원시키면서 CO_2로 되는 아래 반응을 일으킬 수 있다.

$$4\,CO + Fe_3O_4 \rightarrow 3\,Fe + 4\,CO_2$$

실제 철의 화학 반응은 연료 속의 수소 성분도 관여하는 등 복잡하게 일어나기 때문에 환원 반응이 가능한 온도는 연료에 따라 일부 차이는 있지만, 중요한 것은 탄소가 있으면 금속을 만드는 환원 반응이 훨씬 낮은 온도에서 일어나게 된다는 것이다.

환원 반응에 탄소가 참여할 때 환원 반응이 일어날 수 있는 온도를 계산해 보면, 구리 환원 반응은 상온에서 가능하고 납은 300도, 주석은 630도이고, 철은 710도가 넘으면 가능하다. 다시 말하면 탄소 덕분에 상당히 낮은 온도에서 이러한 환원 반응이 일어나서 위와 같은 금속을 얻을 수 있다.

4. 주조

주조는 금속을 녹여서 액체를 만든 후에 원하는 모습을 만들 수 있는 틀에 부어서 굳히는 과정이다. 주조를 할 수 있으면 복잡한 모양의 제품을 쉽게 만들 수 있기 때문에 주조를 할 수 있는 재료로 만들 수 있는 물건들이 획기적으로 늘어난다.

주조가 잘되기 위해서는 액체 금속이 틀 속에 만들어 놓은 빈 공간 곳곳으로 잘 흘러 들어가야 하며, 흘러가는 도중에 응고되어 흘러가는 길이 차단되지 않아야 한다. 이를 위해서는 틀에 부을 액체 금속이 잘 흐를 수 있어야 하고 이를 유동성이 좋다고 표현한다. 액체 금속의 유동성은 금속의 녹는 온도와 주형에 부을 때의 액체 금속 온도와의 차이에 비례해서 좋아지기 때문에, 주조 기술 역시 온도를 높이는 기술과 연결된다. 얼마나 온도를 높여야 하는가는 액체 금속을 부을 틀의 재료, 열 차단 효과, 구조 등에도 영향을 받는데, 과거 여러 기술 수준을 고려할 때 원활한 주조를 위해서는 녹는 온도보다 50도 이상 높아야 할 것으로 판단된다.

각 금속들의 녹는 온도를 보면 순금속 기준으로 주석 232도, 납 328도, 은 961도, 금 1065도, 구리 1085도, 철 1535도 등이다. 그리고 청동은 성분에 따라 차이가 있지만 950도 정도로 볼 수 있다. 따라서 주조를 위해서는 액체 금속의 온도를 주석 280도, 납 380도, 청동 1000도, 은 1010도, 금 1110도, 구리 1140도 그리고 철은 1600도까지 올려야 한다.

그리고 철의 주조 온도인 1600도는 너무 높은 온도이기 때문에 과거에 순수한 철을 주조하지 않았고, 지금도 일반적인 철은 주조용으로 사용하지 않는다. 그런데 철은 탄소가 포함되면 녹는 온도가 낮아진다. 가장 낮은 온도는 탄소가 포화 농도인 4.3% 정도 포함되어 있을 때 1150도 정도까지 떨어진다. 따라서 철을 주조하기 위해서는 탄소로 포화된 철을 사용하더라도 최소한 1200도까지 온도를 올려야만 한다.

5. 단조

단조는 금속을 두드려 가면서 원하는 모양을 만드는 가공법이다. 주조와 함께 과거 인류가 많이 사용한 가공법이다. 단조는 금속을 반복해서 두드려 가면서 가공하기 때문에 금속의 성질이 강해져서 주조로 만든 제품에 비해서 더 강한 도구를 만들 수 있다. 다만, 만들 수 있는 형상이 제한되어 있다.

그런데 액체 금속을 만들지 못했던 초기 제련 기술로는 고체 금속만을 만들 수 있었고, 만든 금속을 녹일 수 있는 온도에도 도달하지 못했기 때문에 이 시기에는 금속을 가공하는 방법은 단조법뿐이었다. 철은 녹는 온도가 높아서 주조가 어렵기 때문에 액체 철을 만들기 시작한 산업혁명 이전까지 철 도구는 대부분 단조로 만들어졌다.

그리고 철의 단조는 1000도 정도의 높은 온도에서 진행하는 고온 단조를 했다. 이 방법은 가열된 철 조각을 망치로 두드려서 늘리고 이를 가열한 후 접어서 다시 망치로 두드려서 늘리는 작업을 반복하면서 철을 강하게 만들었다. 고온의 숯에 넣어 두는 방법을 통해서 철을 가열하는 방법을 택했는데 이 작업을 하는 과정에서 철에 탄소가 흡수되면서 강해지는 효과도 있다.

6. 복사에너지와 백열전구의 효율

양자역학이 발전하면서 밝혀진 바에 따르면 절대온도 0도가 아닌 모든 물체는 복사에너지라 불리는 에너지를 내보낸다. 그리고 에너지는 다양한 파장을 갖는 전자기파들로 나눠서 배출된다. 〈그림 13〉은 어떤 물체가 내보내는 각 전자기파의 파장들이 가지는 에너지의 분포를 보여 준다. 여기서의 높이는 그 파장을 갖는 전자기파의 세기이다. 그리고 〈그림 13〉에서 보이는 에너지 분포 그래프의 모양은 온도에 따라서 달라진다.

그런데 이 중에서 380~750나노미터 영역에 있는 전자기파만 우리 눈에서 빛으로 감각될 수 있고 나머지 파장의 전자기파들은 눈에 보이지 않는다. 그래서 이 빛으로 느껴지는 주파수 범위를 가시광선이라고 부른다. 따라서 물체가 내는 전체 에너지 중에서 가시광선 영역에 들어 있는 파장을 갖

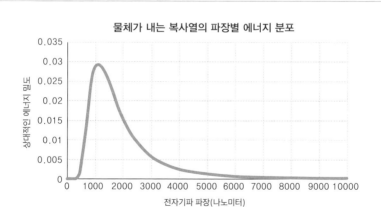

그림 13 물체가 내는 복사열의 파장별 에너지 분포

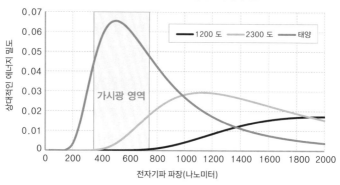

물체 온도에 따른 파장별 에너지 분포

1200 도　　2300 도　　태양

가시광 영역

전자기파 파장(나노미터)

그림 14　온도에 따른 전자기파 분포

는 전자기파만이 '조명'의 역할을 할 수 있다. 이 말은 우리가 특정 물질의
온도를 높여서 조명으로 사용할 때 그 물질의 조명 효율은 '〔(가시광선 영역
에 속하는 전자기파의 에너지 합)/(전체 에너지 합)〕'이라는 식을 가지고 구
할 수 있다.

〈그림 14〉에는 1200도(나무가 탈 때 나오는 불꽃의 온도), 2300도(백열전구 텅
스텐 필라멘트 온도), 그리고 태양의 온도로 추정되는 절대 온도 5800도인 물
체들이 내보내는 복사에너지를 구성하는 파장별 에너지 분포를 그려 보았
다. 〈그림 14〉에서 알 수 있듯이 온도가 높아지면 낮은 파장 쪽 전자기파들
의 에너지 밀도가 높아지며, 가시광선 영역에 속하는 에너지 값도 많아지는
것을 알 수 있다. 조명 효율을 계산하는 방법은 각 그래프 아래 부분의 면적
중에서 가시광선 영역의 면적이 차지하는 비율이고, 이를 사용해서 조명 효
율을 계산해 보면 1200도일 때는 전체 에너지 중에 0.07%가 조명의 역할

을 한다. 그리고 온도가 올라가면 이 비율이 높아진다. 2000도에서 2.3%, 3000도는 13%로 증가하며 태양은 온도가 높아서 복사에너지 중에서 가시광선이 차지하는 비율이 40%가 넘는다.

실제 전기가 사용되기 전에 실내조명으로 사용되던 것은 기름 그릇에 조그마한 심지를 넣고 불을 붙인 등잔불인데 이 불은 규모가 작아서 온도는 1200도보다 훨씬 낮았고 조명 효율도 더 낮았다. 백열전구의 효율을 높이기 위해서 필라멘트로 녹는 온도가 높은 재료를 사용해서 최대한 온도를 높이는 것이 유리하다는 것도 쉽게 이해할 수 있을 것이다. 에디슨이 만든 전구[5]에 사용된 필라멘트 재료는 탄소였고 그 후 텅스텐으로 바뀌었다. 두 재료 다 지구상에서 녹는 온도가 가장 높은 물질에 속하며, 둘 다 녹는 온도가 3000도를 넘기 때문에 필라멘트의 온도를 2000도 이상으로 올릴 수 있다. 다만 이들은 모두 산소와 만나면 바로 산화하기 때문에, 이를 막기 위해서 전구 내부를 진공으로 만들거나 아르곤으로 채웠다. 그런데 비록 재료가 녹지 않더라도 온도가 높아지면 재료가 증발하는 속도가 커져서 수명이 짧아지기 때문에 수명과 효율의 적절한 온도를 찾을 필요가 있다. 백열전구 제작자들은 이러한 상황을 고려해서 텅스텐 필라멘트의 온도를 2300~2400도 정도까지 올려서 높은 조명 효율을 얻으면서도 오래 사용할 수 있도록 만들었다. 이 온도에서 백열전구의 조명 효율을 1200도의 불보다 100배 가까이 높은 5~6% 정도까지 얻을 수 있다.

---

5 에디슨이 만든 전구에 대한 발명특허를 두고 영국의 조셉 스완과 특허 분쟁이 있었는데, 결국 두 사람은 합의하고 각자의 회사가 합병해서 새 회사(Edison & Swan United Electric Light Company)를 설립하고 전구를 판매했다. 비록 두 사람이 공동 작업을 하지는 않았지만, 이러한 상황을 고려하면 에디슨 전구는 엄밀하게 말하면 에디슨-스완 전구라 불러야 할 것이다.

감사의 글

이 책이 나오기까지 감사해야 할 분들이 매우 많습니다. 우선은 이 책의 시작이 된 제련 공학 연구자가 될 수 있도록 지도해 주신 윤종규 교수님과 대학생 때 지도교수이시면서 금속역사학술대회 준비위원회에 참여할 기회를 주셨던 나형용 교수님, 두 분께 학문적으로 인격적으로 많은 도움을 받았습니다. 책을 쓰면서 내용에 오류가 있을까 싶어서 같은 학부의 강기석, 서용석, 유웅렬, 주영창, 한흥남, 홍성현, 황철성 교수님께 도움과 자문을 많이 받았습니다. 그리고 문명 강의를 같이 진행하였거나 역사에 대해서 학술적인 조언을 해 주신 서경호, 주경철, 장대익, 한경구, 허남진 교수님들의 도움을 많이 받았습니다. 이에 더해서 그동안 강의 중에 좋은 질문과 의견을 내주어서 내게 많은 자극과 도움을 준 학생들의 도움도 컸습니다. 글을 쓰지 못해서 고민이 많을 때 내용에 대한 지지와 글을 쓰는 방향에 좋은 조언을 해 준 역사책방의 백영란 대표에게도 깊은 감사를 표합니다.

　어느 정도 책을 쓰고 나니 새로운 걱정이 들었습니다. 책 내용에서 최대한 정확한 과학적 지식을 반영하고, 현재까지의 공학 지식을 전부 반영해서 쓰면서도 많은 사람들이 이해할 수 있는 책을 쓰고자 했습니다. 그래도 전문적인 이야기가 많아서 과학이나 공학을 잘 모르는 사람들에게 너무 어렵게 쓰인 것은 아닐까 걱정되어 주위의 여러분들에게 의견을 구했습니다. 가장 먼저 가족들의 도움을 받게 되었습니다. 내 생각이 어수선할 때부터 여러 번 이야기를 들어 주면서 조언과 격려를 해 주고 책을 쓰는 도중에도 계속 읽어 주고 고쳐 주기도 했습니다. 그리고 이 책의 첫 번째 삽화는 가족들이 상의해 가면서 직접 그려주었습니다. 가족들의 이러한 격려와 지지는 어떤 일을 하든 큰 힘이 된다는 것을 다시 한 번 새기게 되었습니다. 또한 관심을 가지고 원고를 읽고 조언을 해 주신 김홍주, 김혜림, 박상영, 여현, 오춘해, 이화수, 황진하 님 모두 귀한 시간 내 주신 것에 깊은 감사드리며 이분들 덕분에 책의 내용이 계속 좋아졌습니다. 마지막으로 이 책의 출판을 맡아서 초고를 좋은 책으로 만들어 주신 일조각의 김시연 대표님과 한정은 편집자님 그리고 구성원 모두에게 감사합니다.

찾아보기

로마자

LED 149
OLED 150

번호

1차 에너지원 174
2차 에너지원 174

한국어

[ㄱ]

가솔린 기관 127
강철 103, 104, 110, 113, 114, 118, 120,
　121, 122, 152, 192
경질 목재 45, 118, 119, 120
고령토 65, 220
관중 100
광물 38, 69, 70, 74
광산 84
광석 66, 70, 73, 81, 82, 84, 85, 86, 98,
　106, 108, 112, 115, 220
교류 유도 모터 139, 141
교토의정서 9

구리 7, 68, 69, 73, 74, 75, 76, 79, 80,
　81, 82, 83, 84, 85, 86, 87, 89, 90, 92,
　93, 94, 95, 96, 97, 98, 99, 103, 109,
　120, 136, 143, 144, 146, 147, 153,
　154, 158, 192, 224, 225, 227
국제 표준 단위 53
그리스 불 123
금 7, 67, 68, 75, 76, 77, 78, 79, 80,
　81, 82, 83, 86, 88, 96, 109, 110, 144,
　146, 147, 153, 219, 224, 225, 227
금속전기 136

[ㄴ]

나무 창 45, 46
나일론 158
나프타 123, 158
난방 38, 39, 57, 59, 62, 125, 150, 151
납 7, 68, 75, 78, 79, 80, 85, 144, 145,
　224, 226, 227
내연 기관 12, 80, 126, 127, 128, 129,
　164, 166
노천불 32, 33, 34
뉴턴 51, 53

[ㄷ]

다마스쿠스 칼 106, 107, 108
다이오드 160

단사 80
단조 75, 76, 77, 78, 89, 97, 99, 102,
  104, 106, 107, 108, 113, 228
단천은련법 79
대류 61, 62
대장간 106, 116
대평원 47
대피라미드 121
도가니 62, 66, 67, 77, 78, 98, 103, 108
도기 63, 64, 65, 66, 67, 77, 78, 109,
  110, 114, 217, 219, 220
도끼 41, 83, 89, 92, 94, 118, 119, 120
도자기 12, 60, 63, 65, 66, 76, 109, 129,
  174, 217
동물전기 136
동석기 시대 82, 84, 89
두랄루민 153, 154
디젤 기관 127

[ㄹ]
라이덴병 134, 135

[ㅁ]
만곡도 89
메탄하이드레트 197, 198, 208
모닥불 34, 37, 39, 40, 46, 57, 58, 59,
  60, 62
목탄 59, 60, 63, 65, 88, 103, 106, 110,
  111, 112, 113, 174

[ㅂ]
바다 석탄 110, 111, 112
발전소 129, 140, 143, 159, 163, 164,
  165, 166, 168, 171, 182, 183, 185,
  199, 201, 203, 204, 209

발화온도 21, 23
방연광 79
백열전구 140, 148, 149, 231
베이클라이트 157
변성암 42
복사 61, 62
불카노스 116

[ㅅ]
사카라 고분 77
석기 25, 30, 40, 43, 44, 82, 84, 89, 120
석탄 103, 110, 111, 112, 150, 163, 166,
  173, 174, 175, 178, 197, 206
성덕대왕 신종 93
성장의 한계 179, 180
셀룰로이드 157
소결 65, 66, 76, 77, 78, 88, 109, 217,
  219
수력 발전 167, 168, 169, 172, 182, 185,
  186
수메르 37, 89, 90, 94
수은 7, 68, 69, 79, 80, 81, 149, 225
스모그 178
식육목 29

[ㅇ]
아담스 발전소 142
아이 부나르 광산 84
알루미늄 71, 138, 139, 144, 152, 153,
  158, 192
압축 강도 41, 42, 45
야생의 불 12, 23, 26, 209
양수 발전소 168, 169, 203
에너지 5, 9, 10, 11, 12, 13, 20, 39, 53,
  54, 61, 109, 125, 128, 129, 137, 143,

148, 149, 160, 161, 162, 163, 164,
165, 168, 169, 171, 172, 173, 175,
176, 177, 179, 180, 181, 183, 190,
191, 192, 193, 194, 195, 206, 207,
215, 218, 221, 229, 230
에디슨 종합 전기회사 141
에펠탑 121, 122
엔메르카르 38
엔탈피 20, 216, 221, 222
엔트로피 221, 222, 223
엠파이어스테이트 빌딩 121, 122
연질 목재 45, 118, 119
연철 121
열에너지 125, 164, 174, 181, 186, 222,
224, 225
오스트랄로피테쿠스 35
와트 51, 53, 54
우라늄-235 182, 198
우라늄-238 182, 199, 208, 209
우라늄 자원 198
우르반 대포 124
우르크 38
우츠강 108
운석철 96, 97, 102, 109
원자력 발전 169, 171, 180, 182, 183,
186, 187, 198, 199, 206, 208
월왕구천검 100, 101
웨스팅하우스 전기회사 141, 142
은 7, 68, 76, 78, 79, 80, 81, 90, 92,
144, 146, 147, 225, 227
이동형 전로 114
인화온도 21, 23
일 53, 54, 125, 127, 128, 129, 145

[ㅈ]
자기 63, 64, 66, 128, 217, 220
자유에너지 221, 222, 223
재료의 강도 40, 41
재생에너지 163, 167, 172, 173, 174,
175, 180, 182, 186, 187, 188, 189,
202, 203, 204, 208, 209
전기 9, 13, 54, 129, 131, 132, 133, 134,
135, 136, 137, 139, 140, 141, 142,
143, 144, 145, 146, 147, 148, 149,
150, 151, 152, 153, 159, 161, 163,
164, 165, 166, 167, 168, 169, 171,
172, 173, 174, 177, 181, 182, 183,
184, 185, 186, 187, 189, 190, 193,
200, 201, 203, 204, 205, 231
전기 전도도 144, 147
전도 61, 62
정전기 발전기 134
제련로 66, 88, 98, 102, 103
제 환공 100
조리 38, 39, 57, 59, 62, 125, 150, 151
주석 7, 68, 69, 73, 75, 79, 82, 85, 86,
87, 88, 89, 90, 93, 94, 99, 103, 109,
120, 224, 226, 227
줄 51, 53, 54, 55
주철 104, 192
증기 기관 12, 103, 113, 126, 127, 140,
164, 171
지각 22, 42, 71, 72, 73, 74, 138
지속 가능한 에너지 172
직류 모터 139
진공관 159, 160, 161
집적회로 161

[ㅊ]

천연구리 82, 83
철 7, 68, 69, 70, 71, 73, 75, 76, 80, 90,
  93, 95, 96, 97, 98, 99, 100, 101, 102,
  103, 104, 106, 108, 110, 111, 112,
  113, 114, 117, 118, 120, 121, 127,
  132, 135, 144, 146, 153, 154, 158,
  159, 174, 220, 221, 222, 224, 225,
  226, 227, 228
청동기 7, 69, 84, 85, 87, 89, 90, 93, 94,
  95, 99, 101, 102, 103, 109, 117, 120,
  209
청동기 시대 7, 12, 38, 40, 68, 69, 78,
  81, 82, 85, 86, 88, 89, 90, 93, 95, 97,
  98, 117, 119, 120, 225

[ㅋ]

칼로리 51, 54, 55
코크스 112, 113
콘스탄티노폴리스 123
콜럼버스 기념 세계박람회 142

[ㅌ]

탄소 10, 20, 22, 59, 60, 61, 73, 74, 95,
  103, 104, 106, 112, 114, 121, 136,
  137, 139, 145, 146, 148, 157, 185,
  215, 216, 225, 226, 228, 231
태양광 발전 173
태양전지 173, 183, 184, 200
테베 고분 88
토기 59, 63, 64, 109
퇴적암 41, 42

[ㅍ]

파괴한도 119, 120
파리 협정 10
파스칼 42, 51, 53, 54, 55, 56
펄 스트리트 발전소 140
폴리머 157, 181
폴리에틸렌 158
풀무 88
풍력 발전 173, 184, 185, 200, 205
피로파괴 119
피뢰침 135

[ㅎ]

할슈타트 문화 102
합성 고분자 13, 154, 155, 158, 159
핵융합 반응 170, 206, 207
헤파이스토스 116, 156
형광등 149, 150
호모 에렉투스 25, 35
호박금 80
화로 8, 12, 58, 59, 60, 62, 63, 106,
  109, 129, 164, 209
화로에 담긴 불 58, 59
화성암 41, 42, 43
화재 47, 48, 49, 148, 151
화전 48, 49, 50, 51, 57
황동광 98
회취법 79
휘동석 98
흑룡강 손 대포 124
흑요석 42, 43, 44

재료공학자가 들려주는
문명 이야기 ①
불, 에너지, 재료의 역사

1판 1쇄 펴낸날 2022년 8월 30일

지은이 | 이경우
펴낸이 | 김시연

펴낸곳 | (주)일조각
등록 | 1953년 9월 3일 제300-1953-1호(구 : 제1-298호)
주소 | 03176 서울시 종로구 경희궁길 39
전화 | 02-734-3545 / 02-733-8811(편집부)
         02-733-5430 / 02-733-5431(영업부)
팩스 | 02-735-9994(편집부) / 02-738-5857(영업부)
이메일 | ilchokak@hanmail.net
홈페이지 | www.ilchokak.co.kr

ISBN 978-89-337-0807-1   03500

값 24,000원

• 지은이와 협의하여 인지를 생략합니다.